普通高等学校“十三五”应用型人才培养规划教材

JAVA开发

实用技术

JAVA KAIFA
SHIYONG JISHU

主　编／梁勇强　蒙峭缘
副主编／肖志军　李治强
编　委／张远夏　龙法宁
　　　　孙小雁　李超建

西南交通大学出版社
·成　都·

图书在版编目（CIP）数据

JAVA 开发实用技术 / 朱晓姝总主编；梁勇强，蒙峭缘主编. —成都：西南交通大学出版社，2017.2（2018.1 重印）
普通高等学校“十三五”应用型人才培养规划教材
ISBN 978-7-5643-5268-4

Ⅰ. ①J… Ⅱ. ①朱… ②梁… ③蒙… Ⅲ. ①JAVA 语言－程序设计－高等学校－教材 Ⅳ. ①TP312.8

中国版本图书馆 CIP 数据核字（2017）第 025834 号

普通高等学校“十三五”应用型人才培养规划教材

JAVA 开发实用技术

总主编　朱晓姝
主　编　梁勇强　蒙峭缘

责任编辑	穆　丰
封面设计	墨创文化
出版发行	西南交通大学出版社 （四川省成都市二环路北一段 111 号 西南交通大学创新大厦 21 楼）
发行部电话	028-87600564　028-87600533
邮政编码	610031
网　　址	http://www.xnjdcbs.com
印　　刷	成都中铁二局永经堂印务有限责任公司
成品尺寸	185 mm × 260 mm
印　　张	13.5
字　　数	320 千
版　　次	2017 年 2 月第 1 版
印　　次	2018 年 1 月第 2 次
书　　号	ISBN 978-7-5643-5268-4
定　　价	32.00 元

课件咨询电话：028-87600533

前　言

JAVA 语言自诞生之日起就被称为一种革命性的程序设计语言。它具有简单、面向对象、平台无关、多线程、安全、动态等优点，是最流行的编程语言之一，同时也是大专院校面向对象程序设计课程教学的首选语言。

目前，介绍 JAVA 程序设计的教程类书籍很多，但是这些教程类书籍不同程度地存在下面的缺点：（1）教学内容照顾面过宽，缺乏针对性。考虑到不同院校的不同需求，目前的教程类书籍内容都尽量地全面，这样做的好处很明显，就是任课教师可以在教学中根据实际需要灵活选择教学内容。但是不足也很明显，任课教师未必能够完整领会编写者的意图，最后选择而拼凑的教学内容连贯性、完整性可能不好；（2）教学案例实际意义不大，相关内容的教学案例没有关联。教学案例的实用性弱，往往迫使任课教师再花时间去说明知识点的实用性，教学案例没有体现与知识点的联系，教师就需要花费一部分时间先让学生理解不同案例相关的背景知识，学生也不能通过案例更直观地理解知识点。

编写本书的目的是为地方本科院校计算机相关专业的 JAVA 面向对象程序设计课程教学提供一本针对性的教程：（1）内容选择方面。在考虑相对完整性的基础上，精选学生今后从事 JAVA 程序设计最基础、最常用的知识和技术；（2）案例设计方面。尽量选择与学生知识背景相关的案例，相关联的知识点尽量使用关联的案例，或者说是同一案例的不同版本。全书共分为 10 章，其中第 1 章介绍 JAVA 语言产生和发展的历史，介绍 JAVA 开发工具包的组成，还有 JAVA 应用程序的类型和基本的开发步骤；第 2 章介绍 JAVA 的基本数据类型、数组、枚举，包括标示符和关键字、基本数据类型、运算符和表达式等；第 3 章介绍 JAVA 的结构化程序设计；第 4 章和第 5 章介绍 JAVA 的面向对象程序设计，其中第 4 章介绍 JAVA 中的类和对象，第 5 章介绍 JAVA 中的继承、接口等机制；第 6 章介绍 JAVA 中的常用实用类；第 7 章介绍 JAVA 的文件操作；第 8 章介绍 JAVA 的图形用户界面设计；第 9 章介绍 JAVA 中的多线程；第 10 章介绍 JAVA 操作数据库的方法。如果读者之前已经学习了 C 语言程序设计，可以跳过本书的第 2 章到第 3 章。

本书由长期从事 JAVA 面向对象程序设计教学的一线教师编写，其中李治强老师编写了第 1 章和第 2 章，肖志军老师编写了第 3 章，梁勇强老师编写了第 4 章和第 10 章，蒙峭缘老师编写了第 5 章至第 8 章，张远夏老师编写了第 6 章，龙法宁老师编写了第 9 章。全书由孙小雁、李超建、张捷三位老师校对。

本书编写工作得以顺利完成，除了编写者的辛勤劳动之外，还得到了许多部门和领导的大力支持和帮助，热心的教师也提出了不少宝贵意见，在这里表示衷心的感谢！

由于编者的水平有限，书中的不足之处难免，敬请各位热心的专家和读者批评指正！

本书编写组

2016 年 11 月

目 录

第1章　概　述

1.1　JAVA语言的产生

1991年，Sun Microsystems公司成立Green项目组，目的是为家用消费电子产品开发一个分布式代码系统，用户将信息发送给家用电器，可以对它们进行控制和信息交换。Green项目组最初采用C++语言开发该系统，但它太复杂而且安全性差，不能满足要求，于是项目组研究设计了一种基于C++的语言Oak（橡树）。

Oak项目组在Mark Ardreesen（其开发了Mosaic和Netscape）的启发下，用JAVA编写了Web浏览器（称为HotJava）以及applet在Web上应用，开启了JAVA进军Internet的新局面。由于商标冲突，1995年5月，Sun公司正式发布JAVA的第一个办公版本，Oak语言更名为java语言。

作为新一代的面向对象的程序设计语言，JAVA语言的平台无关性直接威胁到Wintel联盟的垄断地位。一些著名计算机公司相继购买了JAVA语言的使用权，如Apple、DEC、IBM、Microsoft、Netscape、Novell、Oracle、SGI等。

JAVA语言是当今主流开发语言之一，由于它具有跨平台性、安全性和开发简单等特点，已被广泛应用于电子商务、信息系统和无线终端等许多领域。可预想，未来每个人的生活中都会包含有JAVA的一部分。

注：JAVA是印度尼西亚的一个重要的盛产咖啡的岛屿，中文名叫爪哇，开发人员为这种新的语言起名为JAVA，其寓意是为世人端上一杯热咖啡。

1.2　JAVA的特性

1.2.1　简单性

JAVA语言的一些语法与C/C++语言很相似，有C/C++语言基础的读者很容易学习和使用它。JAVA语言适用范围不同，摒弃了C++语言中一些安全性差、过于复杂、容易混淆、不适合网络应用等缺陷，不支持全程变量，不支持goto语句，也不支持指针，并提供了规范的语法格式和自动的垃圾回收机制，使程序开发简单化。

1.2.2　面向对象

JAVA语言是一种纯的面向对象程序设计语言，它是一种效率高、易理解且更加符合人们思维习惯的程序设计语言。本书在后面章节将详细介绍类、对象、接口、封装、继承和多态等基本概念。

1.2.3　分布式

JAVA 语言从诞生起就和网络联系在一起，支持 Internet 应用开发，在基本的 JAVA 应用编程接口中有一个网络应用编程接口（java.net），它提供了用于网络应用编程的类库，如 URL、URLConnection、Socket 和 ServerSocket，也内置了 TCP/IP、HTTP、FTP 协议类库等。JAVA 的 RMI(远程方法调用)机制也是开发分布式应用的重要手段。

1.2.4　安全性

JAVA 平台采用了域管理方式的安全机制，无论是本地代码还是远程代码都可通过配置的策略，设定可以访问的资源域。当 JAVA 字节码进入专门处理该内容的程序（解释器）时，首先必须经过字节码校验器的检查，然后 JAVA 解释器将决定程序中类的内存布局。随后，类装载器负责把来自网络的类装载到单独的内存区域，避免应用程序之间相互干扰破坏。最后，客户端用户还可以限制从网上装载的类访问某些文件系统。上述机制结合起来，使得 JAVA 成为安全的编程语言。

1.2.5　平台无关性

JAVA 源文件在 JAVA 虚拟机（Java virtual Machine，JVM）上编译成字节码文件，然后可以在具有 JAVA 运行环境（Java Running Environment，JRE）的任何操作系统上运行。JRE 由 JVM、类库和一些核心文件组成。字节码最大的特点就是可以跨平台，即经常听说的“一次编译，到处运行”，正是这一特性成为 JAVA 得以迅速普及的原因。

1.2.6　多线程

JAVA 语言支持多个线程的并发执行，这些线程独立地执行各自的 JAVA 代码、处理公共数据区和私有栈的数据，也提供多线程之间的同步机制（synchronized）。在同一个 JVM 进程中，程序的多任务是通过线程来实现的。当有新的线程产生时，操作系统不分配新的内存，而是让新线程共享原有进程的内存块。JAVA 语言提供了多线程编程的扩展点，并给出了功能强大的线程控制 API。

1.2.7　动态性

JAVA 语言的一个重要特点就是能适应环境的动态变化。由后面的章节可知，JAVA 程序是一个或多个类组成的，类是 JAVA 的基本单元。类要么是用户自己定义的，要么由类装载器（Class Loader）从类库中动态地载入到运行环境中，也可以通过网络来载入所需要的类。

1.2.8　垃圾回收机制

JAVA 语言的另一个重要特点就是具有一个垃圾回收器。类的实例对象和数组所需的内存空间是在堆上分配的（基本数据类型所需的内存空间在栈上分配的），解释器承担了实例对象内存分配工作，分配时就开始记录其占用的空间，使用完毕后便将其回收到垃圾箱中。

1.3 JAVA 的平台简介

JAVA 语言在网络编程方面应用得很广，它具有简单、多变、面向对象、跨平台等特点，具有很好的移植性和安全性，这些给网络编程带来了很多便利。

1999 年 6 月，Sun 公司推出的 JDk1.3 将 java 平台划分为 J2SE、J2ME 和 J2EE 三大平台，分别用于桌面、嵌入式和企业级应用。2004 年，Sun 公司发布 J2SE5.0，随后又发布 JAVASE6，并取消 JAVA2 名称，JAVA 三大平台更名为 JAVA SE、JAVA ME 和 JAVA EE。

JAVA SE—— JAVA Standard Edition，JAVA 标准版，它提供了标准的 JAVA Development Kit，主要用于桌面应用程序和低端的服务器应用程序的开发。

JAVA ME—— JAVA Micro Edition，JAVA 微型版，它提供了一种很小的开发环境，主要用于嵌入式产品等开发，如智能手机、平板电脑、可穿戴设备和智能家电等。

JAVA EE—— JAVA Enterprise Edition，JAVA 企业版，提供了企业级开发的各种技术，主要用于企业级应用开发。

其中，JAVA SE 是标准 JAVA 语言，是学习 JAVA ME、JAVA EE 的基础。

1.4 JAVA 程序的开发过程

JAVA SE 提供两种类型的程序，即应用程序（Application）和小应用程序（Applet），两者都必须在 JAVA 虚拟机（JAVA virtual machine，JVM）上运行。

JVM 是用软件模拟的计算机，它定义了指令集、寄存器集、类文件结构栈、垃圾收集堆、内存区域等，提供了跨平台的基础框架。

JAVA Application 程序（*.java）经过编译生成字节码文件（*.class），再由解释器解释执行。而 Applet 程序则是将编译后产生的字节码文件作为对象嵌入到网页文件（*.html 或*.htm）中，在浏览器中运行。

JAVA 程序开发的一般过程：

第 1 步，编辑 JAVA 源程序。初学者可以使用文本编辑器（如记事本或 Edit）来编写源文件，也可以使用 eclipse、NetBeans 等开发工具来编写。

第 2 步，编译 JAVA 源程序。使用 JAVA 编译器（javac.exe），将 JAVA 源文件编译成字节码文件。

第 3 步，解释执行字节码文件。使用 JAVA 解释器（java.exe）来执行字节码文件。

程序开发过程如图 1.1 所示。

字节码文件是 JAVA 虚拟机中可执行的文件格式，是与平台无关的二进制码，执行时由解释器解释成本地机器码，解释一句，执行一句。JAVA 编译器针对不同平台的硬件提供了不同的编译代码规范，使得 JAVA 软件能够独立于平台。

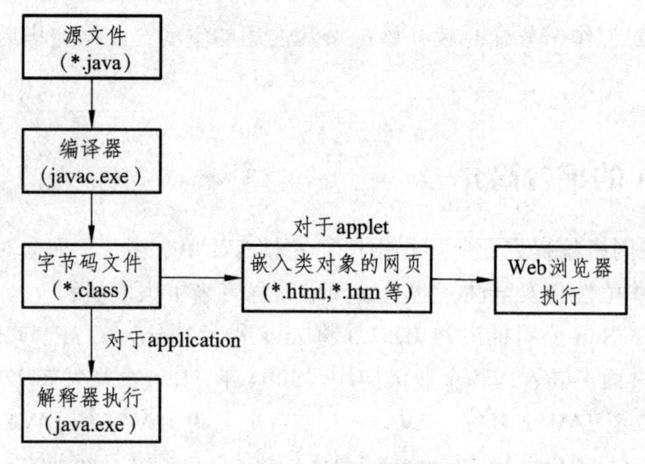

图 1.1　JAVA 程序的开发过程

1.4.1　JAVA 工具包 JDK

JAVA 不仅提供了一个丰富的语言环境和运行环境，而且还提供了一个开源的 JAVA 开发工具集（JAVA development kit，JDK）。读者可以利用这个工具集来开发 JAVA 程序。其官方网站提供了下载链接：

（1）在浏览器中输入：

http://www.oracle.com/technetwork/java/javase/downloads/jdk7-downloads-1880260.html 出现如图 1.2 所示的页面。

（2）选中“Accept License Agreement”；

（3）选择 JDK 安装包，如果您的操作系统是 32 位的，则点击

Windows x86　　　89.09 MB　　　jdk-7u25-windows-i586.exe

安装下载的 JDK 安装包。在安装过程，可以设置安装路径和选择组件。注意安装包含有名称为 i586 是针对 32 位的操作系统，而 x64 是针对 64 位的操作系统。

JDK 帮助文档（.chm 或.html 格式）是重要的编程手册，当遇到不熟悉的类或语法知识时，可以根据类名或方法名等检索，懂得类及其继承关系、API 使用说明，以及相关的例子。读者可以在官方网站下载最新版本，建议与 JDk 同时下载使用。

1.4.2　JDK 工具库主要程序

安装完成 JDK 后，在 bin 目录下有各种工具，用来执行编译后产生的代码（即.class 文件或 binary 代码），常用的工具有：

（1）Javac.exe：JAVA 编译工具，将.java 源文件编译为.class 文件。

（2）java.exe：JAVA 解释工具，用于启动 JAVA 的应用程序，执行命令后 JavaSE 平台将相应程序载入 JVM 运行。

（3）appletviewer.exe：小应用程序浏览器，一种执行网页文件上的 JAVA 小应用程序的 JAVA 浏览器。

图 1.2　JDK 下载页面

（4）javadoc.exe：命令产生类的 API 说明文档（.html 格式），API 说明文档包括类、接口描述及继承关系，以及属性、方法描述与参数描述等。

（5）jar.exe ：是一种压缩工具，可以压缩所有格式的文件。

1.4.3　JDK 环境配置

1. 设置 Windows XP/NT/2000

（1）在“我的电脑”图标上单击右键，选择“属性”菜单，将出现“系统属性”界面（见图 1.3）。点“高级”选项卡，单击“环境变量”按钮，将出现“环境变量”界面（见图 1.4）。

（2）在“系统变量”框中选择“path”，单击“编辑”按钮，出现“编辑系统变量”对话框，如果是安装在默认的路径，就在其中“变量值”栏的变量值前添加“C:\Program Files\Java\jdk1.7.0_25\bin;”。

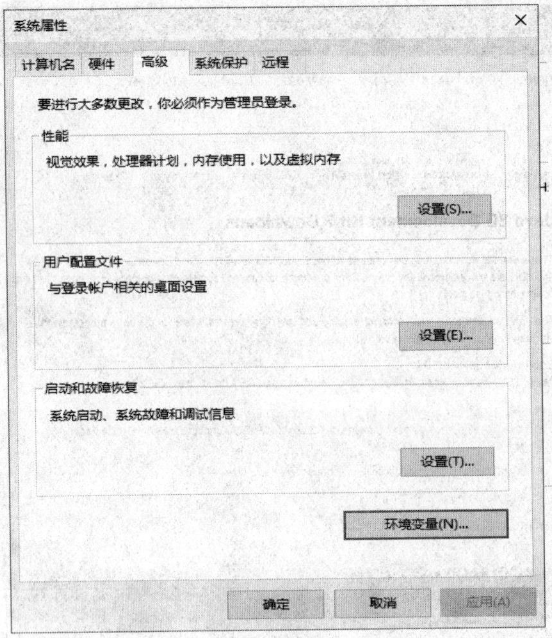

图 1.3　系统属性

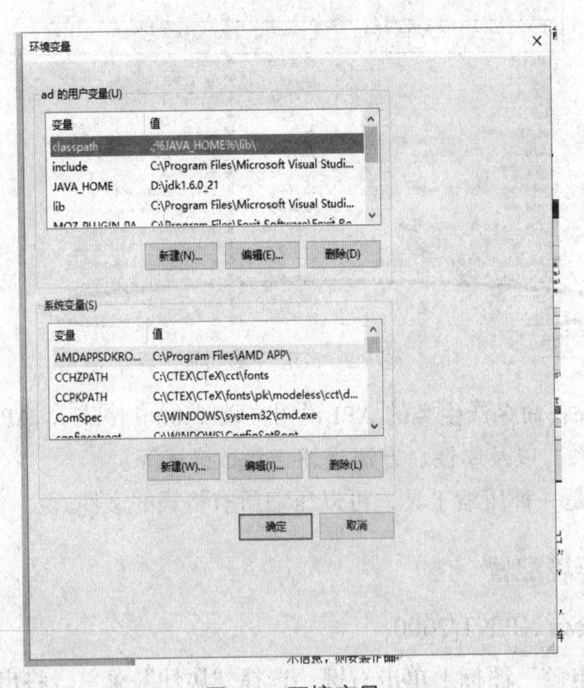

图 1.4　环境变量

（3）在“系统变量”框中选择“classpath”，单击“编辑”按钮，出现“编辑系统变量”对话框，如果是安装在默认的路径，就在其中“变量值”栏的变量值前添加“.;C:\Program Files\Java\jdk1.7.0_25\lib;”。

（4）设置完成后，打开 DOS 窗口，在命令提示符下输入“java”或“javac”，回车后，如果出现其用法参数提示信息，则安装正确。

注意：安装路径上最好不要有空格（如默认安装路上就有空格）、中文等字符，否则，在编译时可能出现乱码问题，或路径不能识别等问题，导致不能正确执行。环境变量设置时，是在系统变量中设置，还是在用户变量中设置，又或者是在DOS命令行设置，是根据用户的具体需求而定的。

2. 设置 Windows 7

（1）在桌面“计算机”图标上单击右键，选择“属性”菜单，将出现系统对话框界面，如图 1.5 所示。

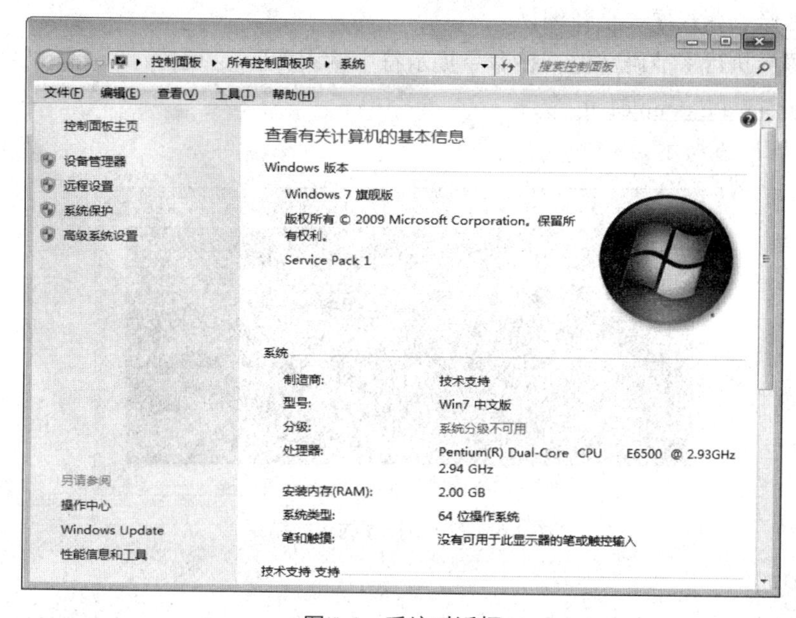

图 1.5 系统对话框

（2）点左侧控制面板主页下面的“高级系统设置”选项，出现系统属性设置界面。

（3）点“高级”选项卡，再单击“环境变量”按钮，将出现“环境变量”设置界面。

（4）与设置 Windows XP/NT/2000 一样，设置环境变量。

1.5 Application 和 Applet 程序

JAVA SE 主要提供两种程序的开发，即应用程序（Application）和小应用程序（Applet）。

1.5.1 一个简单的 Application 程序

【例 1.1】 JAVA 应用程序在屏幕上输出"Hello World !"。

（1）编辑源程序。

```
public class Example1_1 {
    //程序的起点，所有程序从 main 开始执行
    public static void main(String args[]){
```

```
        System.out.println("Hello World!"); //在屏幕上打印"Hello World!"
    }
}
```

将文件以“Example1_1.java”为文件名保存到硬盘(如 d:\java)。

（2）编译源程序：将 JAVA 源程序编译转换成字节码，需在 DOS 命令提示符中输入：

d:\java >javac Example1_1.java

如果源程序没有语法错误，则编译后会产生和源程序相对应的几个.class 文件，例 1.1 中只有一个类编译产生一个字节码文件 Example1_1.class；如果编译出现错误，可根据错误提示信息修改源程序，重新编译。

（3）解释执行字节码文件，在命令提示符中输入：

d:\java >java Example1_1

结果如图 1.6 所示。

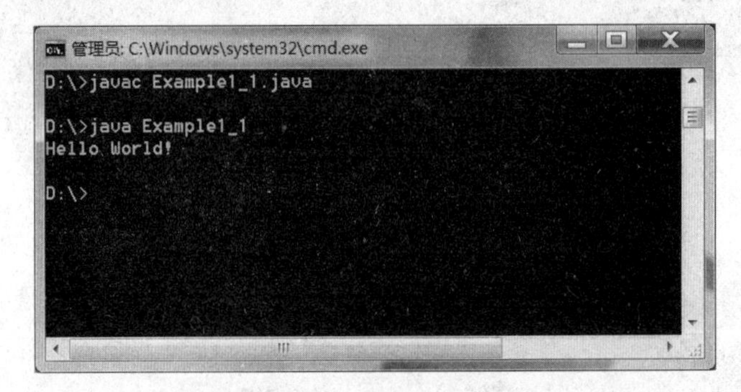

图 1.6　例 1.1 程序的运行结果

程序说明：

（1）一个 JAVA 源文件可以由一个或多个类构成。在例 1.1 中只有一个类名为 Example1_1 的类构成。

（2）public class Example1_1 是类首。其中，class 是用来定义类的关键字。public 是定义访问权限（可见性）的关键字，则说明其他类都能访问公共类 Example1_1。除去类首部分即类体，即类首后面的这对大括号以及它们之间的内容。

（3）public static void main (String args[ ])是类体中的一个方法，它后面的两个花括号以及它们之间的内容叫做方法体。一个 JAVA 应用程序必须有且只有一个类含有 main()方法，这个类称为它的主类。main()方法是程序开始执行的位置，即 JAVA 解释器的入口。在一个 JAVA 应用程序中 main()方法必须说明为 public static void。

（4）String args[ ]声明一个字符串类型的数组 args，它是 main()方法的参数。

（5）给源文件命名时，如果源文件中有多个类，那么只能有一个类是 public 类，同时该 public 类必须为主类，JAVA 应用程序的源文件名与主类名相同（严格区分大小写），扩展名为.java（不区分大小写）。如果源文件没有 public 类，则源文件的主名只要和某个类的名字相同即可。因此在例 1.1 中的源文件必须保存为 Example1_1.java。

1.5.2　Applet 小应用程序

小应用程序是一种作为对象嵌入到网页中的程序,在支持JVM的Web浏览器中运行。

【例 1.2】　JAVA 小应用程序输出“Hello java!”。

（1）编写 JAVA 源程序，保存文件名为 Example1_2.java

```
import java.applet.*;
import java.awt.*;
public class Example1_2 extends Applet{
    public void paint (Graphics g){
        g.setColor(Color.red);
        g.drawString("Hello java!", 30, 40);
    }
}
```

（2）编译 JAVA 源程序，在 DOS 命令行中输入：

```
d:\java >javac Example1_2.java
```

回车后产生字节码文件 Example1_2.class。

（3）编写如下 HTML 文件，保存文件名为 HelloApplet.html

```
<HTML>
<HEAD>
<TITLE> Applet 小应用程序  </TITLE>
</HEAD>
<BODY>
<APPLET code="Example1_2.class" width=300 height=200></APPLET>
</BODY>
</HTML>
```

（4）在 DOS 命令行中输入：

```
d:\java> appletviewer HelloApplet.html
```

这时弹出一个显示内容为“Hello java!”的小窗口，如图 1.7 所示。

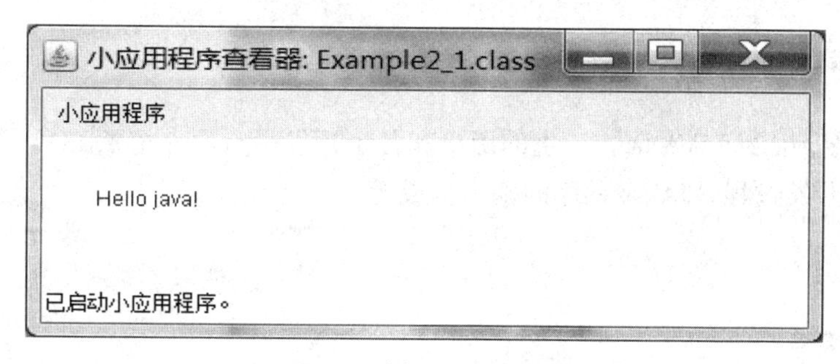

图 1.7　例 1.2 运行结果

程序说明：

（1）一个 Applet 源程序也是由一个或多个类构成，它必须有一个继承 Applet 类，而不需要 main()方法。一般把这个 public 类叫做该小应用程序的主类。

（3）Applet 小应用程序的源文件的命名方法和 Appliction 应用程序的命名方法相同，必须把它文件名保存为与主类名相同，例 1.2 文件保存到 Example1_2.java 中。

（2）import java.applet.*语句的作用就是引入 java.applet 包中的所有类。

（3）Color 和 Graphics 类是 java.awt 包中的类。其中，paint()方法的作用是绘画、显示，参数 Graphics g 定义画笔对象。g.setColor（Color.red）是将画笔的颜色设置为红色，g.drawString（"Welcome to JAVA World!", 30, 40）是在程序中画字符串，数字 30 和 40 规定了字符串输出的起始位置（单位是像素）。

（4）由于 Applet 中没有 main()方法作为 JAVA 解释器入口，必须编写 HTML 文件，把该 Applet 嵌入其中，然后用 appletviewer 来运行或在支持 JAVA 的浏览器上运行。

（5）HTML 文件中，用<APPLET>标记来启动 Example1_2，code 指明字节码所在的文件，width 和 height 指明 applet 所占的大小。

1.6　JAVA 程序的注释

为程序添加注释，可以用来解释程序的某些语句的作用和功能，提高程序的可读性。也可以使用注释在原程序中插入设计者的个人信息，或者不同程序版本修改说明等。此外，在调试程序时，可以用注释来暂时屏蔽某些语句，调试结束后，只需取消注释即可（eclipse 中可以使用快捷键 Ctrl+/来切换注释），JAVA 里的注释根据不同的用途分为三种类型：

（1）单行注释：在需要注释的内容前面加双斜线（//），在编译时，JAVA 编译器就会忽略掉该内容。

（2）多行注释，就是在注释内容前面以单斜线加一个星形标记（/*）开头，并在注释内容末尾以一个星形标记加单斜线（*/）结束。当注释内容超过一行时一般使用这种方法。

（3）文档注释，是以单斜线加两个星形标记（/**）开头，并以一个星形标记加单斜线（*/）结束。用这种方法注释的内容会被解释成程序的正式文档，并能包含进如 javadoc 之类的工具生成的文档里，用以说明该程序的层次结构及其方法。

1.7　本章小结

本章主要介绍了 JAVA 语言产生的历史和各个开发平台，介绍了 JAVA 的程序类型，JAVA 程序的开发过程，JAVA 程序的基本构成等。

【习题 1】

一、选择题

1. 以下关于 JAVA 语言特点的描述中，错误的是：

A. JAVA 是纯面向对象编程语言，支持单继承和多继承。

B. JAVA 支持分布式的网络应用，可透明地访问网络上的其他对象。

C. JAVA 支持多线程编程。

D. JAVA 程序与平台无关、可移植性好。

2. 以下说法正确的是：

A. JAVA 程序文件名必须和程序文件中定义的类名一致。

B. JAVA 程序文件名可以和程序文件中定义的类名不一致。

C. JAVA 源程序文件的扩展名必须是.java。

D. 以上 A、C 说法正确，B 说法不正确。

3. 以下描述错误的是：

A. JAVA 的源程序代码被存储在扩展名为.java 的文件中。

B. JAVA 编译器在编译 JAVA 的源程序代码后，自动生成扩展名为.class 的字节代码类文件。

C. JAVA 编译器在编译 JAVA 的源程序代码后，自动生成的字节代码文件名和类名相同，扩展名为.class。

D. JAVA 编译器在编译 JAVA 的源程序代码后，自动生成扩展名为.class 的字节代码文件，其名字可以和类名不同。

4. 以下有关运行 JAVA 应用程序（application）正确的说法是：

A. JAVA 应用程序由 JAVA 编译器解释执行。

B. JAVA 应用程序经编译后生成的字节代码可有 Java 虚拟机解释执行。

C. JAVA 应用程序经编译后可直接在操作系统下运行。

D. JAVA 应用程序经编译后可直接在浏览器中运行。

5. 以下有关运行 JAVA 小应用程序（applet）正确的说法是：

A. JAVA 小应用程序由 JAVA 编译器编译后解释执行。

B. JAVA 小应用程序经编译后生成的字节代码可有 JAVA 虚拟机解释执行。

C. JAVA 小应用程序经编译后可直接在操作系统下运行。

D. JAVA 应用程序经编译后生成的字节代码，可嵌入网页文件中由 JAVA 使能的浏览器解释执行。

6. 某 JAVA 源文件定义了 2 个类和 6 个方法，编译产生字节码文件的个数和扩展名分别是：

A. 8 个和.class　　B. 2 个和.class

C. 6 个和.java　　D. 2 个和.java

7. 下列不属于 Java 核心包的是：

A. javax.swing　　B. java.io

C. java.util　　D. java.lang

二、问答题

1. JAVA 语言有哪些特点？

2. 如何建立和运行 JAVA 程序？

3. JAVA 的运行平台是什么？

4. 何为字节代码？其优点是什么？

三、编程题

1. 编写一个 JAVA 应用程序，输出“第一个 JAVA Applet 程序”。

2. 编写一个 JAVA 小应用程序，输出“This is my first JAVA Application！”。

第 2 章　基本数据类型、数组、枚举

本章介绍了 JAVA 语言的标识符与关键字、数据类型、变量与常量、数组和枚举的基础知识，每个知识点都有语法讲解和实例演示。

2.1　程序分析

【例 2.1】　已知一个圆锥的半径和高，计算该圆锥的体积。

```
1  public class Example2_1 {
2          public static void main(String args[]){
3                  final double PI=0.0314e2;   //定义常量圆周率 PI
4                  int radius;   //定义变量 radius，存储半径
5                  int height;   //定义圆锥的高 height
6                  double area;   //定义变量 s，存储圆的面积
7                  double cone;   //定义变量 cone，存储圆锥体体积
8                  radius =10;   //给变量 radius 赋值
9                  height=5;   //给变量 height 赋值
10                 area= radius*PI*PI;   //计算圆的面积
11                 cone=area*height/3;
12                 System.out.println ("圆半径 radius ="+ radius +"\n 圆面积 aera = "+area);
13                 System.out.println ("圆锥的高 height ="+ height +"\n 圆锥的体积 cone =
14                 "+cone);
15         }
16 }
```

运行结果：

```
圆半径 radius =10
圆面积 aera = 98.596
圆锥的高 height =5
圆锥的体积 cone = 164.32666666666668
```

【例 2.1】 属于顺序结构，即程序按自上而下的顺序依次执行。其中，语句“final double PI=0.0314e2”表示定义了常量 PI，并且赋值为直接常量 3.14。语句“area= radius*PI*PI”表示将半径与圆周率 PI 的平方相乘，结果赋值给 area。语句“cone= area*height/3”表示将底面积与高相乘再除以 3，结果赋值给 cone。语句“System.out.println ("圆半径 radius ="+ radius +"\n 圆面积 aera = "+area)”中的“+”表示字符串连接，‘\n’表示换行转义字符。

2.2 常量与变量

在 JAVA 语言中，对于基本数据类型的量，可以分为有常量和变量两种。程序运行过程中，其值不能被改变的量称为常量。常量可分为直接常量和符号常量，如例 2.1 中的"0.0314e2"和"12"是直接常量，"PI"是符号常量。相应地，其值可以被改变的量称为变量，如例 2.1 中的"radius""area""cone"是变量，可以对它们进行多次赋值。

2.2.1 常量

1. 符号常量

常量就是在程序运行过程中，其值固定不变的量。定义常量的语法：

final 数据类型 常量名=值[，常量名 2=值 2……];

注意：常量的值在声明时必须赋值。在程序中，为了区分常量标识符和变量标识符，常量标识符一般全部使用大写书写。常量的定义一般用在程序的开始。对于程序中经常不变的量，可以考虑定义符号常量。

2. 直接常量

直接常量就是直接出现在程序语句中的常量值，直接常量也有数据类型，系统根据字面量识别，例如：

1919，54，2016，−12 表示整型常量；

12L，456l，−78910L 尾部加大写字母 L 或小写字母 l 表示该量是长整型常量；

0.618，−98.01，97.25 表示双精度浮点型常量；

0.61 F，5.1e−3f，.41f 尾部加大写字母 F 或小写字母 f 表示单精度浮点型常量。

2.2.2 变量

在程序运行过程中，其值可以被改变的量称为变量。变量是 java 程序的一个内部存储单元。所有的变量都有作用域、可见性和生存期等。在 JAVA 程序中，变量必须先定义，声明其类型后，才能使用。变量的命名必须遵循标识符的命名规则。

声明变量的语法：

数据类型 变量名[[=初值]，变量名 2=值 2……];

注意：方括号表示其中的内容可选。

例如，int radius,height; //定义整型变量 radius 和 height

double cone,area; //定义 double 类型变量 cone 和 area

2.3 标识符与关键字

2.3.1 标识符

在 JAVA 程序设计中，采用标识符对包、类、对象、方法和变量等进行命名。标识符由字母、数字、下划线（_）和美元（$）符号组成，且第一个字符不能是数字。用户在定义标识符时，应做到“见名知意”，严格区分大小写，且不允许把关键字作标识符。

合法的标识符	非法的标识符	
Example1_1	3s	以数字开头
$23boy	s*T	出现非法字符*
m_btn	–3x	以减号开头
_int	bowy–1	出现非法字符–(减号)

2.3.2 关键字

JAVA 语言关键字是具有特殊意义的字符串，通常也称保留字。用户定义的标识符不能与关键字相同，关键字都是小写的。JAVA 语言的关键字如下：

abstract	char	else	for	interface	private
boolean	class	extend	if	long	protected
break	continue	false	implement	native	public
byte	default	final	import	new	return
case	do	finally	instanceof	null	short
catch	double	float	int	package	static
synchronized	this	throw	throws	transient	super
true	try	void	volatile	while	assert

2.4 数据类型

JAVA 语言的数据类型可以分为基本数据类型和引用数据类型。

（1）基本数据类型习惯上分为三大类，即数值型、字符型和逻辑型，而其中数值型又分为整型和浮点型：

整数类型：字节型（byte）、短整型（short）、整型（int）、长整型（long）；

浮点类型：单精度浮点型（float）、双精度浮点型（double）；

字符类型：字符型（char）；

逻辑类型：布尔型（boolean）。

（2）引用数据类型：数组、类（class）、接口（interface）。

2.4.1 基本数据类型

基本类型表示单个值，也称作简单数据类型。JAVA 语言有可移性的要求，其数据类型都有严格定义的范围，不允许根据运行环境的变化而改变内存占用。在 JAVA 程序设计中，用户经常会用到八种基本数据类型及其封装类。封装类有方法和属性，然后就可以利用这些方法和属性来处理数据，比如整数类型的最大值、最小值的代码，以方便用户使用，如表 2.1 所示。

表 2.1　整数常量的特殊值代码

类型	封装类	SIZE	MIN_VALUE	MAX_VALUE	默认值	备注
byte	Byte	8	-2^7	2^7-1	(byte)0	带符号
short	Short	16	-2^{15}	$2^{15}-1$	(short)0	带符号
int	Integer	32	-2^{31}	$2^{31}-1$	0	带符号
long	Long	64	-2^{63}	$2^{63}-1$	0L	带符号
char	Character	16	0	$2^{16}-1$	\u0000(空)	无符号整数
float	Float	32	-3.4×10^{38}	3.4×10^{38}	0.0f	单精度
double	Double	64	-1.7×10^{308}	1.7×10^{308}	0.0d	双精度
boolean	Boolean	1			false	true 或 false

【例 2.2】　输出 JAVA 定义的四种整数类型的常量的最大值。

```
1   public class Example2_2 {
2           public static void main(String args[]) {
3                   byte byte_size = Byte.SIZE; // 得到 byte占用内存位数
4                   int char_size = Character.SIZE; // 得到char占用内存位数
5                   float float_size = Float.SIZE; // 得到float占用内存位数
6                   byte byte_max = Byte.MAX_VALUE; // 得到 byte 的最大取值
7                   short short_max = Short.MAX_VALUE; // 得到short的最大取值
8                   float float_min = Float.MIN_VALUE; // 得到float的最小取值
9                   double double_min = Double.MIN_VALUE;// 得到double的最小取值
10                  System.out.println("byte 占用位数：" + byte_size);
11                  System.out.println("char 占用位数：" + char_size);
12                  System.out.println("float 占用位数：" + float_size);
13                  System.out.println("short 的最大值：" + short_max);
14                  System.out.println("byte 的最大值：" + byte_max);
15                  System.out.println("fioat 的最小值：" + float_min);
16                  System.out.println("double 的最小值：" + double_min);
17          }
18  }
```

运行结果：

```
byte  占用位数：8
char  占用位数：16
float 占用位数：32.0
short 的最大值：32767
byte  的最大值：127
```

```
fioat 的最小值：1.4E-45
double 的最小值：4.9E-324
```

练习 2-1：输出 JAVA 定义的四种整数类型的常量的最小值。

1. 整数类型

当数据不带有小数或分数时，即可以声明为整数变量。四种类型都可用来存储整数，它们具有不同的取值范围。在 JAVA 语言中，整数常量被默认为 int 类型。

2. 浮点类型

在 JAVA 里，这种实数数据类型有单精度浮点型（float）和双精度浮点型（double）两种。浮点数取值范围见表 2.1，其在计算机内存中的表示比较复杂，我们将在后面内容讲解。

浮点数有如下的两种表示形式。

（1）十进制小数形式。由整数部分、小数点和小数部分构成，如 0.123，-12.3 等。

（2）指数形式（即科学计数法）。由数字和字母 e（E）构成，其中，e 是指数的标志，要求 e 之前必须有数字，e 之后必须是整数。如 12e3 或 12E3 表示 12×10^3，-4.5e-6 表示 -4.5×10^6。

使用浮点型数值时，默认 double 类型，在数值后面可加上 D 或是 d 或者缺省，作为 double 类型的标识。在数据后面加上 F 或是 f，则作为 float 类型的识别。

3. 字符类型

char 类型用来存储如字母、数字、标点符号及其它符号的单一字符。与 C 语言不同，JAVA 语言采用 Unicode 字符编码，且在内存中占 2 个字节。

字符类型分为字符常量和字符变量，其中字符常量有两种表示法：一种是用 Unicode 值表示，前缀是“\u”，表示范围为\u0000--\uFFFF，如\u0041 表示'A'；一种是用单引号（''）将可见字符括起来，如'A'、'a'、'我'等；不可见 ASCII 控制字符（如回车、换行等）用转义字符表示，如表 2.2 所示。

表 2.2　常用转义字符

转义字符	转义字符的意义	Unicode 值	转义字符	转义字符的意义	Unicode 值
\n	换行	\u000A	\\	反斜杠	\u005C
\t	制表符 Tab	\u0009	\'	单引号符	\u0027
\r	回车	\u000D	\”	双引号符	\u0022

【例 2.3】　Unicode 字符编码

```
1  public class Example2_3 {
2      public static void main(String args[]) {
3          int p1 = 23383, p2 =31526, p3 =20540;
4          char ch1 = '值';
```

```
5                System.out.println("第" + p1 + "个位置的字符是:" + (char) p1 ) ;
6                System.out.println("第" + p2 + "个位置的字符是:" + (char) p2 ) ;
7                System.out.println("第" + p3 + "个位置的字符是:" + (char) p3 ) ;
8                System.out.println("字符\"" + ch1 + "\"的Unicode值( 10进制 ):" + (int) ch1 );
9                System.out.println("字符\"" + ch1 + "\"的Unicode值（ 8进制 ）:" +
10               Integer.toOctalString(ch1 ) );
11               System.out.println("字符\"" + ch1 + "\"的Unicode值（ 16进制 ）:\\u" +
12               Integer.toHexString(ch1 ) );
13           }
14   }
```

运行结果：

```
第 23383 个位置的字符是:字
第 31526 个位置的字符是:符
第 20540 个位置的字符是:值
字符"值"的 Unicode 值（ 10 进制 ）:20540
字符"值"的 Unicode 值（ 8 进制 ）:50074
字符"值"的 Unicode 值（ 16 进制 ）:\u503c
```

说明字符类型的变量，可以把字符赋值给它，也可以直接赋为数值。

4. 布尔类型

Boolean 类型变量值为 true 和 false 两种，分别表示真和假。

例如，声明名称为一个变量 flag 为的布尔类型，并设置为 true 值，使用下面的语句：

boolean flag = true ;

2.4.2 基本数据类型的转换

在涉及多种类型的数据进行运算时，不同类型的数据会先转换成同一类型，然后再进行运算。数据类型的转换方式可分为“自动类型转换”和“强制类型转换”两种。

1. 自动类型转换

在 JAVA 程序中，当各种数据类型进行运算时，系统会自动把级别低的数据类型转换为级别高的数据类型。

类型从低级到高级顺序示意如图 2.1 所示：

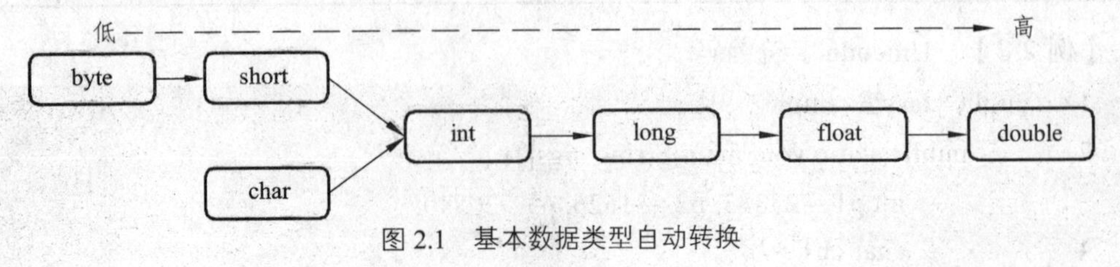

图 2.1 基本数据类型自动转换

【例 2.4】 数据类型转换

```
1   public class Example2_4 {
2       public static void main(String args[]) {
3           int a = 12;
4           float b = 34.2f;
5           // int型变量a会自动转化为float型与b运算
6           System.out.println("a+b = " + (a + b));
7       }
8   }
```

运行结果：

```
a + b = 46.2
```

从程序输出的结果可以看出，当两个数中有一个数为 int 型，一个为 float 型的数时，其运算的结果会直接转换为表示范围更大的 float 型的数。

2. 强制类型转换

有时，程序员会根据需要，将某些数据“强制”转换成所需的类型，此时需要使用强制类型转换符。只要在变量前面加上欲转换的数据类型，运行时就会自动将此行语句里的变量做类型转换处理，但这并不影响原先所定义的数据类型。

【例 2.5】 数据强制转换

```
1   public class Example2_5 {
2       public static void main(String args[]) {
3           int width = 12;
4           long height = 34;
5           float weight = 5.6F;
6           double values， price = 7.8;
7           System.out.println("width= " + width + ",height=" + height + ",weigth=" +
8           weight + ",price=" + price);
9           System.out.println("values=" + (int) weight * price);
10          System.out.println("values=" + (int) (weight * price));
11          System.out.println("values=" + (int) weight * (int) price);
12      }
13  }
```

运行结果：

```
width= 12,height=34,weigth=5.6,price=7.8
values=39.0
values=43
values=35
```

2.4.3 引用数据类型

引用数据类型分别有数组、类(class)、接口(interface),在后面章节将介绍类(class)、接口 (interface)。

2.5 数组与方法

前面的几种基本数据类型，每个变量都是简单变量，数据是离散存储的。而数组是最基本的构造类型，它是一组相同类型数据的有序集合，用数组名和下标可以唯一地确定数组元素，数据存储是连续的。数组依照存放元素的复杂程度分为一维数组、二维和多维数组。

2.5.1 一维数组

1. 程序分析

【例 2.6】 从键盘输入某门课程 10 名学生的成绩，求平均成绩、最高分和最低分。

```
1   import java.util.Scanner;
2   public class Example2_6 {
3       public static void main(String[] args) {
4           int score[] = new int[10], i, sum, max, min;
5           Scanner s = new Scanner(System.in);
6           System.out.println("Please input 10 scores(departed by space):\n ");
7           for (i = 0; i < 10; i++)            //提示输入 10 个成绩
8               score[i] = s.nextInt();
9           sum = max = min = score[0];     //预置累计和、最高、最低分
10          for (i = 1; i < 10; i++) {
11              sum += score[i]; //累加求和
12              if (score[i] > max) //求最高分
13                  max = score[i];
14              if (score[i] < min) //求最低分
15                  min = score[i];
16          }
17          System.out.println("average=" + (float) sum / 10 + ", max=" + max
18          + ", min= " + min);
19      }
20  }
```

运行结果:

```
Please input 10 scores(departed by space):
```

```
10 20 30 40 50 60 70 80 90 100
average=55.0,max=100,min=10
```

要求输入 10 个整数，采用 10 个元素的整型数组存放比较方便，而不是用 10 个整型变量来存放。例 2.6 定义了一个整型数组 score 后，在内存中连续分配 10 个单元，用数组元素 score[0]，…，score[9]表示，这些元素的类型都是 int 型，由数组名 score 和下标唯一确定。当数组 score 接收输入数据后，相应内存单元的存储内容如图 2.2 所示：

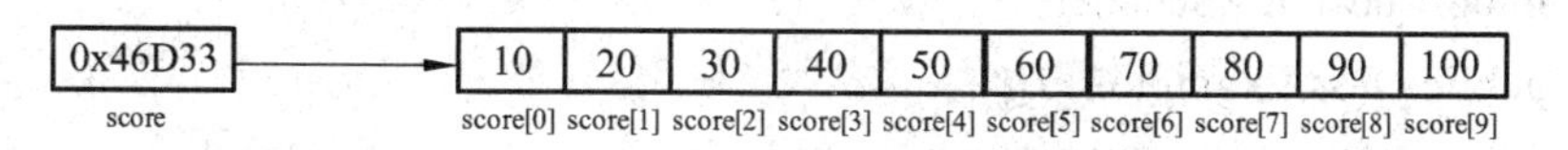

图 2.2　score 数组的内存空间

当一批数据的类型相同时，可用数组来存放，用下标来区分。其优点是表达整洁，可读性强，便于使用循环结构来高效处理数据。

2. 一维数组的定义

和其他变量一样，数组必须先声明，赋值后再使用。

1）一维数组的声明与内存分配

要使用 JAVA 的数组，必须经过两个步骤：一是声明数组，二是分配内存给数组。

一维数组声明的一般格式如下：

数据类型　数组名[ ]; 或数据类型[ ] 数组名;　　//一维数组的声明

数组名 = new 数据类型[长度];　　　　　　　//为数组分配内存

其中，数据类型是声明数组中每个元素的类型，可以是基本数据类型，也可以是引用数据类型。使用“new”关键字时，编译器会在内存的堆中开辟一块空间供该数组使用。

例如：int score[]；　//声明一个整型数组 score

score = new int[10]; //给数组分配 10 个元素，且每个元素占 4 个字节的连续空间

数组的声明只是说明了数组元素的数据类型，系统并没有为其安排存储空间，使用 new 这一句后才分配内存空间。

2）一维数组声明的同时分配内存

数组声明后，接下来便是要配置数组所需的内存，其中“长度”是告诉编译器，所声明的数组要存放多少个元素。

分配存储空间使用格式：

数据类型　数组名[ ] = new 数据类型[长度];　　//声明一维数组同时分配内存

例如: int score[] = new int[10]；//声明 int 数组 score，同时分配 10 个元素的内存空间。

3）一维数组元素的引用

以数组名和下标引用数组元素，数组元素的引用方式为：

数组名[下标]

其中，数组对象具有长度（length）属性，用于指明数组中包含元素的个数，下标取

值范围是[0,length−1]，下标可以是整型常数或表达式。如果在引用数组元素时，下标超出了此范围，系统将抛出数组下标越界的异常（ArrayIndexOutOfBoundsException）。

JAVA 的数组下标从 0 开始的，前面定义的 score 数组为例，score[0]代表第 1 个元素，score[1]代表第 2 个元素，score[9]为数组中第 10 个元素。

通常情况下，使用 for 循环结构来操作数组，数组元素的下标用作循环变量来控制。

【例 2.7】 通过键盘给数组输入 5 个整数，并在屏幕上逆序输出。

```
1    import java.util.Scanner;
2    public class Example2_7 {
3          public static void main(String[] args) {
4                int a[] = new int[5];
5                int i;
6                Scanner s = new Scanner(System.in);
7                System.out.println(" Please input 5 numbers: "); // 提示输入 5 个数
8                for (i = 0; i < a.length; i++)
9                      // a.length 为取得数组 a 的长度（元素个数）
10                     a[i] = s.nextInt();
11               for (i = a.length - 1; i >= 0; i++)
12                     System.out.print(a[i] + "   ");
13         }
14   }
```

运行结果：

```
60 10 -30 40 50
50    40    -30    10    60
```

4）数组的赋值

如果在声明时就组赋初值，可以利用大括号完成。只需在数组的声明格式后面再加上初值的赋值即可，格式如下：

数据类型 数组名[ ] = {初值 0，初值 1，…，初值 n}

在大括号内的初值会依序赋值给下标为 0、1、…、n 的数组单元。此外，在声明的时候，不需要将数组元素的个数列出，编译器会根据所给出的初值个数来确定数组的长度。

例如：int array[ ] = {1,2,3,4,5};

该语句声明了一个长度为 5 的整型数组 array，并且值为 x[0]为 1，x[1]为 2，…，x[4]为 5。

【例 2.8】 找出数组元素中的最大值与最小值。

```
1    public class Example2_8 {
2          public static void main(String args[]) {
3                int i, min, max; //声明循环变量 i，存放最小值的变量 min，最大值的//变量 max
```

```
4            int a[] = { 74, 48, 30, 17, 62 }; //声明整数数组 A,并赋初值
5            min = max = a[0]; //将 min 与 max 的初值设为数组的第一个元素
6            System.out.print("数组 a 的元素包括： ");
7            for (i = 0; i < a.length; i++) {
8                System.out.print(a[i] + " ");
9                if (a[i] > max) //判断最大值
10                   max = a[i];
11               if (a[i] < min) //判断最小值
12                   min = a[i];
13           }
14           System.out.println("\n 数组的最大值是： " + max); //输出最大值
15           System.out.println("数组的最小值是： " + min); //输出最小值
16       }
17   }
```

运行结果：

```
数组 A 的元素包括： 74 48 30 17 62
数组的最大值是：74
数组的最小值是：17
```

3. 复制数组

通过 System 类中的静态方法 arrayCopy 进行复制，函数如下：

public static void arraycopy(sourceArray,int index1,copyArray,int index2,int length)

可以将数组 sourceArray 从索引 index1 开始后的 length 个元素中的数据复制到数组 copyArray 中，copyArray 数组从第 index2 元素开始存放这些数据。

【例 2.9】 复制数组示例

```
1   public class Example2_9 {
2       public static void main(String[] args) {
3           final int ARRAY_MAX = 10;
4           int[] sourceArray = new int[ARRAY_MAX];
5           int targetArray[] = new int[sourceArray.length];
6           for (int i = 0; i < sourceArray.length; i++) {
7               sourceArray[i] = i;
8           }
9           System.arraycopy(sourceArray, 0, targetArray, 0, sourceArray.length);
10          for (int j = 0; j < targetArray.length; j++) {
11              System.out.print(targetArray[j] + " ");
12          }
```

```
13        }
14    }
```

运行结果：

```
0 1 2 3 4 5 6 7 8 9
```

2.5.2 二维数组

二维数组的定义

（1）二维数组声明的一般格式如下：

数据类型 数组名[ ][ ]; 或数据类型[ ][ ] 数组名； // 声明二维数组

数组名 = new 数据类型[行数][列数];　　　　// 分配内存给数组

与一维数组不同的是，二维数组在分配内存时，必须告诉编译器二维数组行与列的个数。

例如：int score[][] ;　　　　　　//声明整型二维数组 score

　　score = new int[4][3] ;　　//给 score 分配一块 4 行 3 列的内存堆空间

（2）二维数组声明的同时分配内存

分配存储空间使用格式：

数据类型　数组名[ ] [ ] = new 数据类型[行数][列数];

或　数据类型[ ][ ]　数组名= new 数据类型[行数][列数];

例如：int score[][] = new int[4][3] ; //声明整型二维数组 score，其元素元素个数为 12。

（3）二维数组赋初值

数据类型　数组名[][]= new　数据类型[][]{ {第 0 行初值}{第 1 行初值}…{第 n 行初值} }

或　数据类型　数组名[][]= { {第 0 行初值}{第 1 行初值}…{第 n 行初值} }

要特别注意的是，用户不需要定义数组的长度，因此在数组名后面的中括号里不必填入任何的内容。此外，在大括号内还有几组大括号，每组大括号内的初值会依序指定给数组的第 0、1、…、n 行元素。

例如：int num[][] = {{1,2,3,4},{5,6,7,8}};

语句中，声明了一个整型数组 num，数组有 2 行 4 列共 8 个元素，大括号里的 2 组初值会分别给各行里的元素存放，num[0][0]为 1，num[0][1]为 2，…，num[1][3]为 8。

【例 2.10】　二维数组的定义和使用

```
1    public class Example2_10 {
2        public static void main(String[] args) {
3            char[][]array=new char[][]{{'W','E','L','C','O','M','E'}, {'T','O'},
                                        {'J','A','V','A'}};
4            for (int i = 0; i < array.length; i++) {
5                for (int j = 0; j < array[i].length; j++) {
6                    System.out.print(array[i][j]);
```

```
7                }
8                System.out.println("\n");
9            }
10       }
11   }
```

运行结果：

```
WELCOME
TO
JAVA
```

2.5.3 数组与 for 语句

从 JDK1.5 发行版本起，增加了新功能 for each，它是 for 循环遍历数据的一种简写形式，使用的关键字依然是 for，但参数格式不同。其详细用法为：

```
for(数据类型  循环变量:数组名){
    循环体
}
```

其中，循环变量的数据类型必须与数组的数据类型相同，即每一次循环都把一个数组元素赋给循环变量一次。

【例 2.11】 对例 2.10 修改，使用 for 语句的传统方式和改进方式遍历数组。

```
1    public class Example2_11 {
2        public static void main(String args[]) {
3            char[][]array=new char[][]{{'W','E','L','C','O','M', 'E'},{'T', 'O'}, {'J','A','V','A'}};
4            for (int i = 0; i < array.length; i++) {     //传统方式
5                for (char j:array[i]) {//循环变量 j 依次取 array[i]中的每一元素值
6                    System.out.print(j);
7                }
8                System.out.println("\n");
9            }
10       }
11   }
```

运行结果：

```
WELCOME
TO
JAVA
```

注：先把 a[0]赋给 ch 后执行循环体输出 ch 值，再把 a[1]赋给 ch 后执行循环体输出 ch 值，直至把数组 a 的每一个数组元素都赋给 ch 一次并执行循环体后，才结束循环。

2.5.4 方法

使用方法来编写程序代码有相当多的好处，它可简化程序代码、精简重复的程序流程，并把具有特定功能的程序代码独立出来，使程序的维护成本降低。

定义方法的格式：

```
返回值类型 方法名称（类型 参数 1，类型 参数 2，…）
{
        ……//程序语句；
        return 表达式；
}
```

注意：方法可以有形参，也可以没有，方法名后的括号不能省略不。此外，如果方法没有返回值，则 return 语句可以省略。

【例 2.12】 声明并使用一个方法

```
1    public class Example2_12 {
2            public static void main(String args[]) {
3                    line(); //调用 line()方法，输出 20 个等号
4                    System.out.println("I Like JAVA !");
5                    line(); //调用 line()方法，输出 20 个等号
6            }
7            public static void line() {     //功能输出 20 个等号
8                    for (int i = 0; i < 20; i++)
9                            System.out.print("=");
10                   System.out.print("\n");
11           }
12   }
```

运行结果：

```
====================
I Like JAVA !
====================
```

2.6 枚举类型

从 JDK1.5 版本发行起，就引入了枚举类型，它可以克服 int 和 String 枚举模式的缺点（即类型安全性和程序可读性等缺点）。JAVA 使用关键字 enum 声明枚举类型，语法格式如下：

```
enum 枚举名{
常量列表
}
```

其中“常量列表”须用逗号隔开，每个常量须符合标识符的定义。JAVA 定义枚举类型的语句很简约。可以把一组相关的常量组成一个枚举类型，枚举类已提供了一些常用的方法，如方法 values()、ordinal()。

【例 2.13】 将英文的季节转换成中文季节

```
1   enum Season {         //定义枚举类型
2         SPRING, SUMMER, AUTUMN, WINTER;
3   }
4   public class Example2_13 {
5   /*该方法输出某季节序号*/
6         public String getChineseSeason(Season season){
7               StringBuffer result = new StringBuffer();
8               switch (season) {
9               case SPRING:
10                    result.append("春天序号为"+ season.ordinal());  break;
11              case AUTUMN:
12                    result.append("夏天序号为"+ season.ordinal()); break;
13              case SUMMER:
14                    result.append("秋天序号为"+ season.ordinal());  break;
15              case WINTER:
16                    result.append("冬天序号为"+ season.ordinal());  break;
17              default:
18                    result.append("地球没有的季节 ");
19                    break;
20              }
21              return result.toString();
22        }
23        /*该方法依次输出枚举类型的常量信息*/
24        public void doSomething() {
25              for (Season season: Season.values()) {//声明了一个枚举类型season
26                    System.out.println(season + getChineseSeason(season));
27              }
28        }
29        public static void main(String[] arg) {
30              Example2_13 useSeason = new Example2_13();
31              useSeason.doSomething();
32        }
33  }
```

运行结果为：

```
SPRING 春天序号为 0
SUMMER 夏天序号为 1
AUTUMN 秋天序号为 2
WINTER 冬天序号为 3
```

枚举的一个特点，可以数值代表，比如第一个定义的元素对应的数值为 0，每个枚举元素从 0 开始，逐一增加。

2.7 本章小结

本章简要介绍了 JAVA 程序中的基本量：标识符、常量及变量、数据类型、数组和枚举类型，它们是程序设计的基础，应该掌握并能熟练应用。

数据类型可分为基本数据类型和引用型数据类型两种，本章介绍了基本数据类型，以及数组、枚举类型。

本章的重点：标识符的命名规则、变量和常量的定义及使用；运算符及表达式、不同数据类型值之间的相互转换规则；一维数组和二维数组的定义和引用；枚举类型的定义和使用。

本章难点：整数二进制的位运算操作、二维数组定义和引用、枚举类型定义和使用。

【习题 2】

一、选择题

1. 以下哪一组标识符是合法的：

A. m_btn01, Example1_1, _int

B. m_btn02, @drawable, _int

C. m*btn03, helloworld, INT

D. m$btn04, Example1_1, int

2. 下列描述错误的是：

A. byte，short，int，long 都属于整数类型，分别占 1，2，4，8 个字节。

B. 占字节少的整数类型能处理较小的整数，占字节越多，处理的数据范围就越大。

C. 所有整数都是一样的，可任意互换使用。

D. 字符类型占两个字节，可保存一个字符。

3. 下列描述错误的是：

A. 高精度类型数据向低精度类型数据的转换、整型和浮点型数据之间的转换，必须强制进行，有可能会引起数据丢失。。

B. boolean 类型的变量值只能取 true 或 false。

C. 系统会自动进行低精度类型数据向高精度类型数据的转换，不会丢失数据精度。

D. 不同类型和精度之间也能赋值，系统会自动转换。

4. 下列的哪个赋值语句是不正确的：

A. float f = 0.618f　　　　B. double d = 5.4E1919

C. int i = 666666　　　　D. boolean b=flase

5.下列字符类数据，错误的是：

A. char c=2016　　　　B. char c='年'

C. char c='世界杯'　　　　D. char c='\n'

6、给出下列程序段，则下列选项中赋值错误的是：

```
int[] array1,array2[];
int array3[][];
int[][] array4;
```

A. array2 = array1　　　　B. array2 = array3;

C. array2 = array4　　　　D. array3 = array4 ;

二、编程题

1. 编写一个应用程序计算圆的周长和面积，设圆的半径为 1.5，输出圆的周长和面积值。

2. 从键盘上输入 *n* 个整数，按逆序输出这些数。

3. 已知某同学某门课程的平时、实习、测验和期末成绩，求该同学该门课程的总评成绩。其中，平时、实习、测验和期末分别占 10%、20%、20%、50%。

4. 从键盘上输入 *n* 个整数，将最小值与第一个数交换，最大值与最后一个数交换，然后输出交换后的 *n* 个数。

5. 求 3×3 矩阵的主对角线上元素之和。

6. 有一个 3×4 的矩阵，找出其中最小的那个元素，以及它所在的行和列。

7. 输出一个 3 行 4 列（记作 3×4）矩阵 A 的转置矩阵 A^T（行列互换）。

第 3 章　JAVA 的结构化程序设计

一般来说程序的控制结构包含有下面三种：

（1）顺序结构；

（2）选择结构；

（3）循环结构。

这三种不同的结构有一个共同点，就是它们都只有一个入口，也只有一个出口。程序中使用了上面这些结构到底有什么好处呢？这些单一入口和出口可以让程序易读、好维护，也可以减少调试的时间。现在以流程图的方式来让读者了解这三种结构的不同。

3.1　顺序结构

本书前面所讲的那些例子采用的都是顺序结构，程序至上而下逐行执行，一条语句执行完之后继续执行下一条语句，一直到程序的末尾。这种结构如图 3.1 所示，按照模块的顺序，执行完模块 A 后，接着执行模块 B。

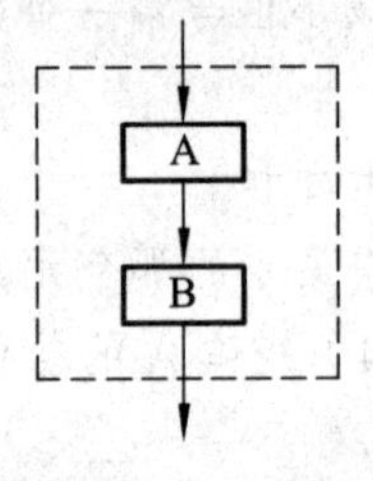

图 3.1　顺序结构

3.1.1　赋值语句

赋值语句在上一章已经讲过了，赋值语句使用等号操作符“=”。它的意思是“取得等号右边的值，把它复制给左边的变量。右值可以是任何常数、已经有值的变量或者表达式。但左值必须是一个明确的、已命名的变量。也就是说，它必须有一个物理空间以存储等号右边的值。

【例 3.1】　交换两个变量的值

```
1    public class Example3_1 {
2        public static void main(String args[]) {
3            int a,b,t;
4            a=2;
5            b=3;
```

```
6           System.out.print("a="+a+"      "+"b="+b);
7           t=a;        //本句开始的三个语句，进行两个数据a和b的交换
8           a=b;
9           b=t;
10          System.out.print("a="+a+"      "+"b="+b);
11      }
12  }
```

程序运行结果：

```
a=2   b=3
a=3   b=2
```

3.1.2 输入输出语句

字符界面下的输入输出是由 JAVA 的基类 System 提供的，在前边的示例中，我们已经使用了 System.out.println()方法在屏幕上输出信息。下面是输入输出方法的一般格式。

1. 输入方法

使用 Scanner

```
import java.util.Scanner;
  ……
Scanner sc = new Scanner(System.in);
int n = sc.nextInt();    //输入整数
```

2. 输出方法

格式 1：System.out.print（表达式）;

格式 2：System.out.println（表达式）;

功能：在屏幕上输出表达式的值。

这两个方法都是最常用的方法，两个方法之间的差别是，格式 1 输出表达式的值后不换行，格式 2 在输出表达式的值后换行。

3. 应用示例

【例 3.2】 从键盘上输入一个字符，并在屏幕上以数值和字符两种方式显示其值。

```
/* 它主要演示从键盘上输入一个字符，然后以字节方式、字符方式在屏幕上输出。*/
1   class Example3_2 {
2       public static void main(String [] args)    {
3           int num1=0;
4           try    {
5               System.out.print("请输入一个字符：");
6               num1=System.in.read();    //从键盘上输入一个字符并把它赋给num1
```

```
7            }
8            catch(Exception e1 )  {  }
9            System.out.println("以数值方式显示,是输入字符的ASCII值= "+num1 );
10           System.out.println("以字符方式显示,显示的是字符本身 = "+(char)num1 );
11       }
12   }
```

【例3.3】 由键盘输入整数示例:

程序如下:

```
1   import java.util. Scanner;
2       public class Example3_3{
3           public static void main(String[] args) {
4               Scanner s = new Scanner(System.in);
5               System.out.println( " I nput an integer:" );
6               int    num= s.nextInt();
7               System.out.println( " The integer is " + num);
8           }
9   }
```

运行结果:

```
I nput an integer:6<回车>
The integer is 6
```

程序中:int num= s.nextInt();语句是定义变量 num，同时将字符串转换为 int 型的数值。若想转换成其他类型的数值，则可利用表 3.1 中的方法。

表 3.1　字符串转换数值类型的方法

数据类型	转换的方法
Long	nextLong ( )
Int	nextInt ( )
Short	nextShort ( )
Byte	nextByte ( )
Double	nextDouble ( )
Float	nextFloat ( )

3.2　选择结构

3.2.1　if 语句

根据条件做出选择，决定执行哪些语句而不执行哪些语句，这样的程序结构称为选择结构或分支结构。分支结构一般分为二分支结构和多分支结构。

二分支结构主要有两种形式，分别如下：

1. 第一种形式。

```
if(条件)
    语句 1;
else
    语句 2;
```

含义：当条件为真时，便执行指定的语句 1，执行完后接着执行 if 的后继语句；否则，执行指定的语句 2，执行完后接着执行 if 的后继语句。也就是说，两个语句中总有一个要执行，但不能都执行。其结构如图 3.2 所示。

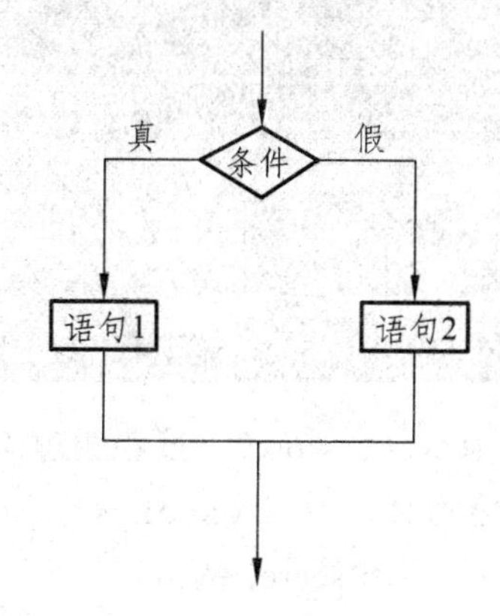

图 3.2　二分支结构

语句 1 和语句 2 也称为内嵌语句，只能是一条语句，如果需要使用多条语句，可以用大括号将多条语句括起来，组成一条复合语句：{语句序列}

if 语句可以应用复合语句，格式为：

```
if(条件)
    {语句序列 1;}
else
    {语句序列 2;}
```

【例 3.4】　由键盘输入两个整数表示成绩，并输出其中较大的一个。

```
1    import java.util. Scanner;
2    public class Example3_4{
3            public static void main(String[] args) {
4                    int score1,score2;
5                    Scanner s = new Scanner(System.in);
6                    System.out.println( " Please input two scores (score>=0):" ); //提示输入成绩
7                    score1= s.nextInt();    //从键盘输入成绩
8                    score2= s.nextInt();    //从键盘输入成绩
```

```
9              if(score1>score2 )      //判断大小
10                   System.out.println( " High score is." + score1 );
11             else
12                   System.out.println( " High score is." + score2 );
13        }
14   }
```

运行情况1:

```
Please input two scores(score>=0):
60<回车>
70<回车>
High score is 70.
运行情况 2:
Please input two scores(score>=0):
90 <回车>
70<回车>
High score is 90.
```

本程序首先输入两个成绩 score1、score2，接着通过 if 语句对表达式 score1>score2 的真假进行判断，如果表达式值为真，说明 score1 大于 score2，就通过 printf 函数输出 score1 的值，否则通过 printf 函数输出 score2 的值。

2. 第二种形式。

if(条件)

语句 1;

含义：当条件为真时，便执行指定的语句，执行完后接着执行 if 后下一条语句；否则直接转去 if 后的下一条语句，即不满足条件就什么都不做。其结构如图 3.3 所示。

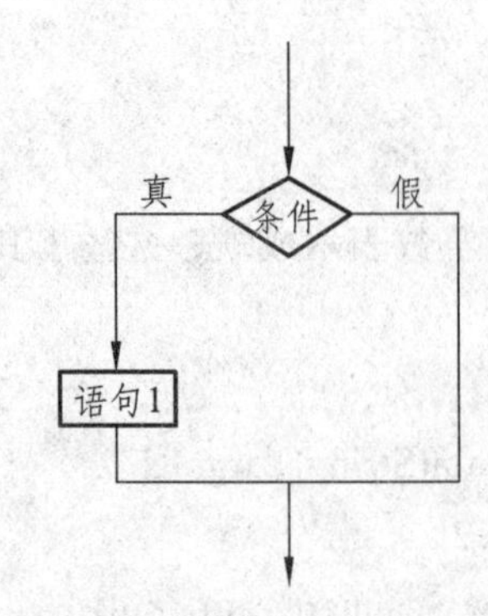

图 3.3　省略 else 的二分支结构

【例 3.5】　用省略 else 的二分支结构改写【例 3.4】

```
1    import java.util. Scanner;
```

```
2    public class Example3_5{
3        public static void main(String[] args) {
4            int score1,score2, maxscore;
5            Scanner s = new Scanner(System.in);
6            System.out.println( " Please input two scores (score>=0):" ); //提示输入成绩
7            score1= s.nextInt();    //从键盘输入成绩
8            score2= s.nextInt();    //从键盘输入成绩
9            maxscore=score1;
10           if(maxscore<score2 )      //判断大小
11               maxscore= score2;
12           System.out.println( " High score is." + maxscore);
13       }
14   }
```

运行情况 1：

```
Please input two scores(score>=0):
60 <回车>
70<回车>
High score is 70.
```

运行情况 2：

```
Please input two scores(score>=0):
90 <回车>
70<回车>
High score is 90.
```

本程序首先输入两个成绩 score1、score2，然后把 score1 先赋予变量 maxscore，接着判断 maxscore 和 score2 的大小，如果 maxscore 小于 score2，则把 score2 赋予 maxscore，也就是说，总是保证 maxscore 的值是高分，最后输出 maxscore 的值。

3. else-if 语句

else-if 语句的一般形式为：

```
if(条件 1 )
    语句 1;
else if(条件 2 )
    语句 2;
…
else if(条件 n)
    语句 n;
```

else

语句 n+1;

含义：判断条件 1，当满足条件 1 时，执行语句 1，执行完后，接着执行 if 的后继语句；如果不满足条件 1，则判断条件 2，当条件 2 满足，执行指定的语句 2，执行完后，接着执行 if 的后继语句；…，判断条件 n，如果满足则执行语句 n，执行完后，接着执行 if 的后继语句；如果所有的条件都不满足，则最后只有执行语句 n+1，执行完后，接着执行 if 的后继语句，程序流程如图 3.4 所示。一般形式中的语句也可以是复合语句。

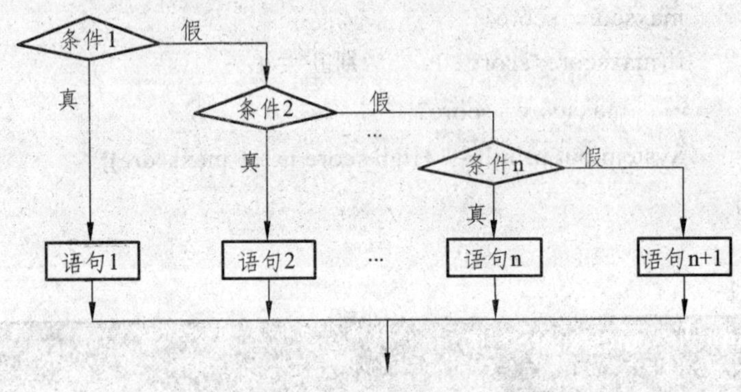

图 3.4　else–if 流程图

【例 3.6】　编程实现三分段函数：

$$y=\begin{cases}1 & (x>0)\\ 0 & (x=0)\\ -1 & (x<0)\end{cases}$$

```
1    import java.util. Scanner;
2    public class Example3_6{
3         public static void main(String[] args) {
4              int x,y;
5              Scanner s = new Scanner(System.in);
6              System.out.println( " Please input x:" ); //提示输入成绩
7              x= s.nextInt();    //从键盘输入成绩
8              if(x>0)            //满足x > 0的情况
9                   y=1;
10             else if(x==0)          //不满足x > 0，但满足x = 0的情况
11                  y=0;
12             else                       //不满足x≥0，即x < 0的情况
13                  y= -1;
14             System.out.println( " y=" + y);
15        }
16   }
```

运行情况 1 :

```
Please input x:
-6<回车>
y=-1.
```

运行情况 2 :

```
Please input x:
6<回车>
y=1.
```

运行情况 3 :

```
Please input x:
0<回车>
y=0.
```

本程序使用 else-if 语句来实现一个三分支的分段函数，其流程图如图 3.5 所示。

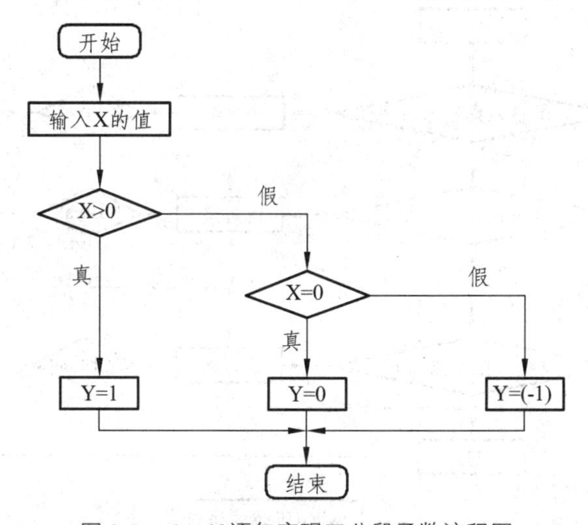

图 3.5　else-if 语句实现三分段函数流程图

3.2.2　switch 语句

如上所述，if~ else if ~ else 是实现多分支的语句。但是当分支较多时，使用这种形式会显得比较麻烦，程序的可读性差且容易出错。JAVA 提供了 switch 语句实现“多者择一”的功能。switch 语句的一般格式如下：

```
switch(表达式)
{
        case 常量 1:  语句组 1; [break;]
        case 常量 2:  语句组 2;[break;]
        ………………………………
```

```
        case 常量 n-1:  语句组 n-1;[break;]
        case 常量 n:  语句组 n;[break;]
    default:  语句组 n+1;
    }
```

其中：

（1）表达式是可以生成整数或字符值的整型表达式或字符型表达式。

（2）常量 i (i=1~n)是对应于表达式类型的常量值，各常量值必须是唯一的。

（3）语句组 i (i=1~n+1）　可以是空语句，也可是一个或多个语句。

（4）break 关键字的作用是结束本 switch 结构语句的执行，跳到该结构外的下一个语句执行。

switch 语句的执行流程如图 3.6 所示。先计算表达式的值，根据计值查找与之匹配的常量 i，若找到，则执行语句组 i，遇到 break 语句后跳出 switch 结构，否则继续执行下边的语句组。如果没有查找到与计值相匹配的常量 i，则执行 default 关键字后的语句 n+1。

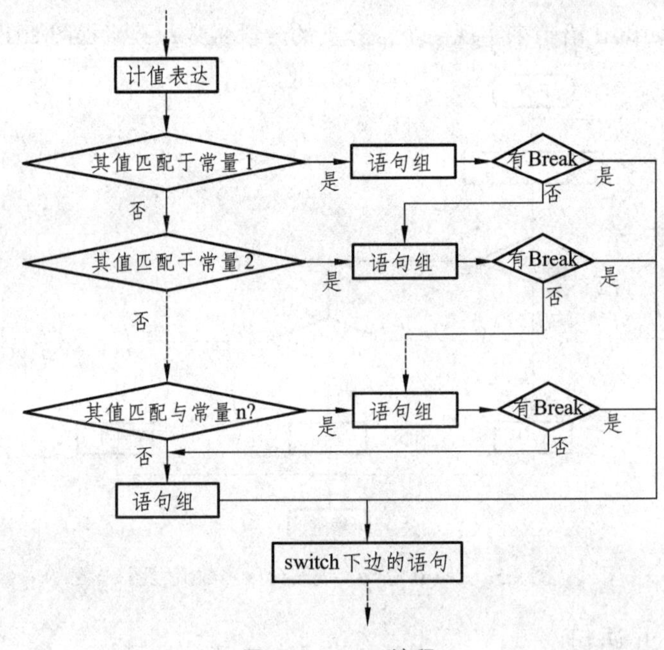

图 3.6　switch 流程

【例 3.7】　为考试成绩划定五个级别，当成绩大于或等于 90 分时，划定为优；当成绩大于或等于 80 且小于 90 时，划定为良；当成绩大于或等于 70 且小于 80 时，划定为中；当成绩大于或等于 60 且小于 70 时，划定为及格；当成绩小于 60 时，划定为差。

源程序：

```
1    public class Example3_7    {
2        public static void main(String [] args) {
3            int score = 75;
4            int n=score/10;
```

```
5        switch(n) {
6            case  10:
7            case   9: System.out.println("成绩为优="+score);
8                       break;
9            case   8: System.out.println("成绩为良="+score);
10                      break;
11           case   7: System.out.println("成绩为中="+score);
12                      break;
13           case   6: System.out.println("成绩为及格="+score);
14                      break;
15           default: System.out.println("成绩为差="+score);
16       }
17     }
18   }
```

程序运行结果：

```
成绩为中=75
```

比较一下，我们可以看出，用 switch 语句处理多分支问题，结构比较清晰，程序易读易懂。使用 switch 语句的关键在于计值表达式的处理，在上边程序中 n=score/10，当 score=100 时，n=10；当 score 大于等于 90 小于 100 时，n=9，因此常量 10 和 9 共用一个语句组。此外 score 在 60 分以下，n=5,4,3,2,1,0 统归为 default，共用一个语句组。

3.3 循环结构

循环结构作为程序设计的三种基本结构之一，应用很广。例如，累加求和、统计学生的成绩、输出某种数列等。只要需要重复执行某种操作，就可以用到循环结构。绝大多数应用程序都包含循环结构。

JAVA 提供了 for 语句、while 语句和 do-while 语句三种形式的循环语，一般情况下，for 循环用于处理确定次数的循环；while 和 do-while 循环用于处理不确定次数的循环。

3.3.1 for 循环语句

1. 程序分析

【例 3.8】 求 1 累加到 100 的和

这是一个累加求和的问题。对于这类问题，采用最基本的求和方法进行求和：先求出 1+2 的和，再用 1+2 的和与 3 相加，得到的和再加上 4…依次下去，最后得到 1+2+…+100 的和。

从以上这个求和的过程不难发现：在求和过程中，需要反复进行一个操作：利用上一次运算的结果加上下一个需要累加的数值。因此，对于这一类的需要重复执行某些操作的问题，通过 JAVA 的循环结构很容易解决。

源程序：

```
1    public class Example3_8 {
2        public static void main(String [] args){
3            int sum=0,i; /* sum存储每一次累加的和，i为每次需要累加的数值 */
4            for(i=1;i<=100;i++) /* 反复执行，直到i大于100：将上一次累加的和
sum，加上下一个需要累加的数值i，每次累加结束i增加1*/
5                sum=sum+i;   /* 累加   */
6            System.out.println ("sum= "+sum);. /* 结束所有数值的累加后输出结果 */
7        }
8    }
```

运行情况：

```
sum=5050
```

程序中定义了变量 sum 和 i。其中，变量 sum 用于存储每一次累加的和，变量 i 为每次需要累加的数值。利用 for 循环执行：将上次累加的和 sum 与下一个需要累加的数值 i 相加，并重新赋值给 sum，i 增加 1，为下一次累加做准备。直到 i 的值大于 100 时才结束这个累加的操作，输出累加的结果。

2. for 语句

for 语句是 JAVA 中使用最灵活的语句，可用于循环次数已确定或已知循环结束条件的情况，其语句简单，功能强大。主要用于实现“次数型”循环。

for 语句的一般形式为：

for（表达式 1；表达式 2；表达式 3）

循环体语句；

注意：for 语句中，for 与其后的循环体语句整个一起作为一条语句。因此，不要随意在 for（表达式 1；表达式 2；表达式 3）的后面加分号，如果在 for 的后面加分号，将是一条空循环语句。

for 语句的执行过程如下：

（1）求解表达式 1；

（2）求解表达式 2，若表达式 2 为真（值为 1），执行循环体；若表达式 2 为假（值为 0），结束循环，执行 for 语句的后续语句；

（3）求解表达式 3；

（4）转回（2）继续执行。

for 语句执行流程如图 3.7 所示。

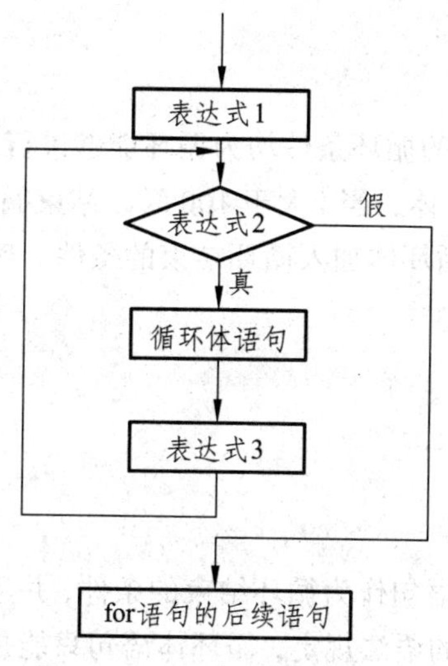

图 3.7　for 语句的执行流程

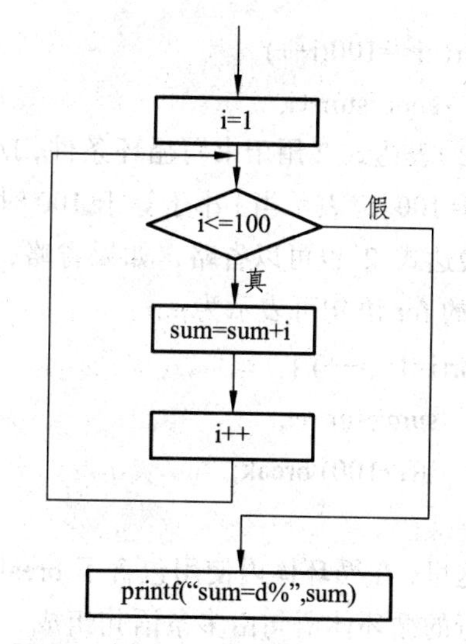

图 3.8　例 3.8 中 for 语句的执行流程

如例 3.8 的 for 语句的形式为：

```
for(i=1;i<=100;i++)
    sum=sum+i;
```

其执行过程是：

（1）执行 i=1，将变量 i 赋值为 1，指定循环的起始点；

（2）判断 i<=100 是否为真，若为真执行循环体"sum=sum+i;"，若为假（大于 100），结束循环，执行 for 语句的后续语句"printf("sum=%d",sum);"；

（3）执行 i++，i 加 1；

（4）转回（2）继续执行。

该执行流程如图 3.8 所示。

图 3.7 和 3.8 清楚地表明：在 for 语句的执行过程中，表达式 1（i=1）只在循环开始前执行一次，而表达式 2（i<=100）、循环体（sum=sum+i;）和表达式 3（i++），在表达式 2 为真的情况下，将会被重复执行。

从例 3.8 的 for 语句不难看出，循环如何开始，是否继续循环和循环次数都是由变量 i 的值来决定。在循环结构中，通过改变和判断某变量的值来控制循环的执行，把这样的变量称为循环控制变量，简称循环变量。例 3.8 中的变量 i 就是一个循环变量。

下面再次结合例 3.8 中 for 语句，详细说明 for 语句中的 3 个表达式和循环体语句的含义和功能：

（1）表达式 1 只在第一次循环开始时求解，即表达式 1 只在进入循环前执行一次，用于为循环变量赋初值，从而指定了循环的起始点。如"i=1"，置 i 的初值为累加的第一个数值 1，即循环累加从 1 开始。

表达式 1 可以缺省，但分号不能省略，此时应在 for 语句之前给循环变量赋初值。例如，例 3.8 中的 for 语句可表示为：

```
i=0;
```

```
for( ;i<=100;i++)
    sum=sum+i;
```

（2）表达式 2 用于书写循环条件，JAVA 语言中的循环条件均为循环能够进行的条件。如“i<=100”，表示当 i 小于等于 100 时，执行循环体，当 i 大于 100 时，结束循环。

表达式 2 也可以省略，如果省略，则需要在循环体加入循环结束的条件。例如，例 3.8 中的 for 语句可表示为：

```
for(i=1; ;i++) {
    sum=sum+i;
    if(i>100) break;
}
```

这里，在循环体内使用包含了 break 语句的 if 语句作为循环结束的条件，并且由于需要执行的循环体语句由多条语句组成，而 for 语句的语法规定，循环体语句只能是一条语句，如循环体中有多条语句，则需要使用大括号将这些语句括起来，作为一条复合语句，如上例。这一条复合语句与 for 一起作为一个整体构成一条 for 语句。

如果省略表达式 2，并且循环体内部也没有结束的条件，则认为循环条件始终为真，循环将无终止地进行下去，这样的循环称为死循环。

（3）表达式 3 用于设置循环变量的步长（可增也可减），改变循环变量的值，从而改变表达式 2 的值。如“i++”，当执行循环体语句结束后，i 加 1，直到 i>100，即表达式 2 为“假”，结束循环。

表达式 3 可以省略，但应另外设法保证循环能够正常结束。例如，例 3.8 中的 for 语句可表示为：

```
for(i=1;i<=100; )    {
    sum=sum+i;
    i++;
}
```

（4）表达式 1 和表达式 3 一般是简单的表达式，如果要为多个变量赋值或循环变量增量不止一个，则用逗号作为分隔符。表达式 2 一般是关系表达式或逻辑表达式，也可以是其他表达式。表达式 1 也可以是与循环变量无关的其他表达式，表达式 3 也可以是与循环条件无关的任意表达式。例如，例 3.8 中的 for 语句可表示为：

```
for(sum=0,i=1;i<=100;sum+=i,i++);
```

（5）循环体语句即要重复执行的操作，只能是一条语句。循环体可以只包含一条语句，如“sum=sum+i;”，也可以由多条语句组成而成一条复合语句，如（2）中的例子，也可以不包含任何语句，即空语句，这样的循环称为空循环。空循环的具体应用读者可以在实际编程中慢慢体会，这里就不再展开说明。

注意：

（1）for 语句中的三个表达式都可以省略，但是为了使程序清晰、易读，建议尽量不要省略。

（2）for 语句中的三个表达式可以是一些复杂的表达式，但使用复杂表达式会降低 for 语句的可读性，因此，建议尽量不要使用。

（3）尽量不要在循环体内部改变循环变量的值。

【例 3.9】 这是一个古典数学问题：一对兔子从它出生后第 3 个月起，每个月都生一对小兔子，小兔子 3 个月后又生一对小兔子，假设兔子都不死，求每个月的兔子对数。该数列为：1 1 2 3 5 8 13 21……即从第 3 项开始，其该项是前两项之和。求 100 以内的波那契数列。

源程序：

```
1   public class Example3_9  {
2       public static void main(String args[])    {
3           System.out.println("斐波那契数列:");
4   /**采用for循环，声明3个变量：
5   i--- 当月的兔子数(输出)；
6   j--- 上月的兔子数；
7   m--- 中间变量，用来记录本月的兔子数
8   */
9           for(int i=1, j=0, m=0; i<100; ) {
10              m=i;         //记录本月的兔子数
11              System.out.print(" "+i);  //输出本月的兔子数
12              i=i+j;  //计算下月的兔子数
13              j=m;  //记录本月的兔子数
14          }
15          System.out.println("");
16      }
17  }
```

运行程序结果：

```
斐波那契数列:
 1 1 2 3 5 8 13 21 34 55 89
```

在该程序中我们使用了非标准形式的 for 循环格式，缺少表达式 3。在实际应用中，根据程序设计人员的喜好，三个表达式中，哪一个都有可能被省去。但无论哪种形式，即便三个表达式语句都省去，两个表达式语句的分隔符“;”也必须存在，缺一不可。

3.3.2 while 循环语句

除了 for 语句外，while 语句也用于实现循环，while 语句在不确定循环次数的情况下使用方便，适用面广，且程序易读。主要用于实现“当型”循环。

while 语句的一般形式为：

```
while(表达式)
    循环体语句;
```

while 语句的执行过程：求解表达式，若表达式的值为真（值为 1），执行循环体；若表达式的值为假（值为 0），结束循环，执行 while 语句的后续语句。while 语句执行流程如图 3.9 所示。

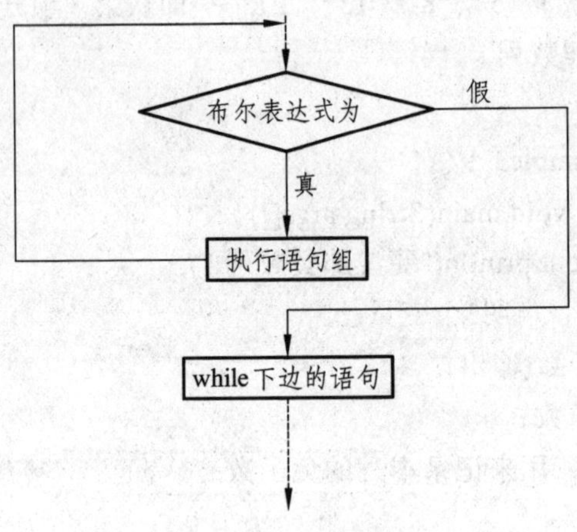

图 3.9　while 循环流程

【例 3.10】　修改例 3.9 使用 while 循环显示 100 以内的斐波那契数列。请注意和 for 循环程序之间的差别。

```
1    public class Example3_10 {
2        public static void main(String args[]) {
3            int i=1;
4            int j=0;
5            int m=0;
6            System.out.println("斐波那契数列:");
7            while(i<100) {
8                m=i;
9                System.out.print(" "+i);
10               i=i+j;
11               j=m;
12           }
13           System.out.println("");
14       }
15   }
```

运行程序结果：

```
斐波那契数列:
 1 1 2 3 5 8 13 21 34 55 89
```

3.3.3 do-while 循环语句

do-while 循环的一般格式是：

```
do{
    语句组；      //循环体
}while(布尔表达式);
```

我们注意一下 do-while 和 while 循环在格式上的差别，然后再留意一下它们在处理流程上的差别。如图 3.10 所示描述了 do-while 的循环流程。

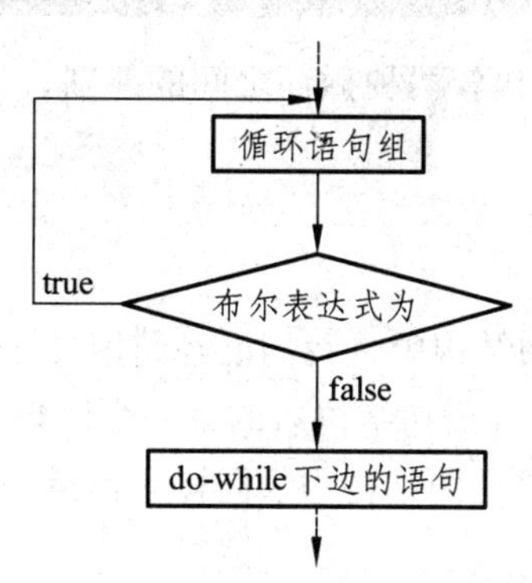

图 3.10 do-while 循环流程

从两种循环的格式和处理流程我们可以看出它们之间的差别在于：while 循环先判断布尔表达式的值，如果表达式的值为 true 则执行循环体，否则跳过循环体的执行。因此如果一开始布尔表达式的值就为 false，那么循环体一次也不被执行。do-while 循环是先执行一遍循环体，然后再判断布尔表达式的值，若为 true 则再次执行循环体，否则执行后边的程序语句。无论布尔表达式的值如何，do-while 循环都至少会执行一遍循环体语句。下边我们看一个测试的例子。

【例 3.11】 while 和 do-while 循环比较测试示例。

```
1    public class Example3_11 {
2        public static void main(String args[]) {
3            int i=0;   //声明一个变量
4            System.out.println("准备进行while操作");
5            while (i<0) {
6                i++;
7                System.out.println("进行第"+i+"次while循环操作");
8            }
9            System.out.println("准备进行do-while循环");
10           i=0;
11           do {
12               i++;
13               System.out.println("进行第"+i+"次do-while循环操作");
```

```
14              } while(i<0);
15          }
16  }
```

运行程序结果：

```
准备进行 while 操作
准备进行 do-while 循环
进行第 1 次 do-while 循环操作
```

大家可以分析一下结果，比较两种循环之间的差别。

3.4 break 语句

在前边介绍的 switch 语句结构中，我们已经使用过 break 语句，它用来结束 switch 语句的执行。使程序跳到 switch 语句结构后的第一个语句去执行。

break 语句也可用于循环语句的结构中。同样它也用来结束循环，使程序跳到循环结构后边的语句去执行。

break 语句有如下两种格式：

（1）break;

（2）break 标号；

第一种格式比较常见，它的功能和用途如前所述。

第二种格式带标号的 break 语句并不常见，它的功能是结束其所在结构体（switch 或循环）的执行，跳到该结构体外由标号指定的语句去执行。该格式一般适用于多层嵌套的循环结构和 switch 结构中，当你需要从一组嵌套较深的循环结构或 switch 结构中跳出时，该语句是十分有效的，它大大简化了操作。

在 JAVA 程序中，每个语句前边都可以加上一个标号，标号是由标识符加上一个“:”号字符组成。

下边我们举例说明 break 语句的应用。

【例 3.12】 输出 50~100 以内的所有素数。所谓素数即是只能被 1 和其自身除尽的正整数。

```
1    class Example3_12 {
2        public static void main(String[] args){
3            int n,m,i;
4            for( n=50; n<100; n++){
5                for( i=2; i<=n/2; i++){
6                    if(n%i==0)   break;   //被i除尽，不是素数，跳出本循环
7                }
8                if(i>n/2 ) {    //若i>n/2,说明在上边的循环中没有遇到被除尽的数
```

```
9                    System.out.print(n+"   ");  //输出素数
10               }
11           }
12       }
13   }
```

程序运行结果：

```
53  59  61  67  71  73  79  83  89  97
```

【例 3.13】 修改例 3.12，使用带标号的 break 语句，输出 50~100 以内的所有素数。

```
1    class Example3_13 {
2        public static void main(String[] args){
3        int n,m,i;
4        for( n=50; n<100; n++)
5            lb1:{
6                for( i=2; i<=n/2; i++) {
7                    if(n%i==0)   break lb1;   //被 i 除尽，不是素数
8                }
9            System.out.print(n+"   ");   //输出素数
10           }
11       }
12   }
```

我们可以相对比较一下，使用哪种格式使程序更简洁更容易理解一些。

3.5 continue 语句

continue 语句只能用于循环结构中，它和 break 语句类似，也有两种格式：

（1）continue;

（2）continue 标号;

第一种格式比较常见，它用来结束本轮次循环（即跳过循环体中下面尚未执行的语句），直接进入下一轮次的循环。

第二种格式并不常见，它的功能是结束本循环的执行，跳到该循环体外由标号指定的语句去执行。它一般用于多重（即嵌套）循环中，当需要从内层循环体跳到外层循环体执行时，使用该格式十分有效，它大大简化了程序的操作。

下边举例说明 continue 语句的用法。

【例 3.14】 输出 10~1000 之间既能被 3 整除也能被 7 整除的数。

```
1    public class Example3_14 {
2        public static void main(String args[]){
```

```
3           int k=1;
4           System.out.println("在 10 ~ 1000 可被 3 与 7 整除的为");
5           for(int n=10; n<=1000; n++){
6               if(n%3!=0 || n%7!=0) continue;
7               System.out.print(n+" ");
8               if(k++%10==0)System.out.println("");//k 用来控制 1 行打印 10 个
9           }
10          System.out.println(" ");
11      }
12  }
```

运行程序结果:

```
在 10 ~ 1000 可被 3 与 7 整除的为
21 42 63 84 105 126 147 168 189 210
231 252 273 294 315 336 357 378 399 420
441 462 483 504 525 546 567 588 609 630
651 672 693 714 735 756 777 798 819 840
861 882 903 924 945 966 987
```

【例 3.15】 修改例 3.12，使用带标号的 continue 语句。输出 50~100 以内的所有素数。

```
1   class Example3_15{
2       public static void main(String[] args) {
3           int n,m,i;
4           lb1: for( n=50; n<100; n++){
5                   for( i=2; i<=n/2; i++){
6                       if(n%i==0)    continue lb1;   //被i除尽，不是素数
7                   }
8                   System.out.print(n+"    ");   //输出素数
9           }
10      }
11  }
```

程序运行结果:

```
53  59  61  67  71  73  79  83  89  97
```

3.6 返回语句 return

return 语句用于方法中，该语句的功能是结束该方法的执行，返回到该方法的调用者

或将方法中的计算值返回给方法的调用者。return 语句有以下两种格式：

（1）return;

（2）return 表达式;

第一种格式用于无返回值的方法；第二种格式用于需要返回值的方法。

下边举一个例子简要说明 return 语句的应用。

【例 3.16】 判断一个正整数是否是素数，若是计算其阶乘。判断素数和阶乘作为方法定义，并在主方法中调用它们。程序参考代码如下：

```
1	public class Example3_16 {
2		public static boolean prime(int n){   //判断n是否素数方法
3			for(int i=2; i<n/2; i++){
4				if(n%i==0)   return false; //n不是素数
5			}
6		return true; //n是素数
7		}   //prime()方法结束

8		public static int factorial(int n) {   //求阶乘方法
9		if(n<=1 )   return 1;
10			int m=1;
11			for(int i=1; i<=n; i++) m*=i;
12			return m;
13		} //factorial()方法结束
14
15		public static void main(String args[]) {   //主方法
16			int n=13;
17			System.out.println(n+"是素数吗？ "+prime(n));
18			if(prime(n)) System.out.println(n+"!="+factorial(n));
19		}   //main()方法结束
20	}
```

运行程序结果：

```
13 是素数吗？ true
13!=1932053504
```

3.7 本章小结

本章讨论了程序的注释、简单的输入输出方法、条件分支结构的控制语句和循环结构的控制语句以及 break、continue、return 等控制语句，它们是程序设计的基础，应该认真理解熟练掌握并应用。

本章的重点是：三种格式的 if 分支结构和 switch 多分支结构、for 循环结构、while 循环结构、do…while 循环结构、break 语句、continue 语句和 return 语句的使用。要注意不同格式分支结构的功能，不同循环结构之间使用上的差别，只有这样，我们才能在实际应用中正确使用它们。

【习题 3】

1. 输入一段英文字符电文，以回车结束输入，对该电文进行加密，将电文中的字母变为其后的第 3 个字母，最后的三个字母 x, y, z 变成 a, b, c。

2. 输入两个正整数，求其最大公约数和最小公倍数。

3. 输出 Fibonacci 数列的前 20 个项。这个数列的特点为：第 1 和第 2 均为 1，从第 3 项开始，任意一项是前面两项之和。如：1，1，2，3，5，8，…

4. 用格里高利公式 $\frac{\pi}{4}=1-\frac{1}{3}+\frac{1}{5}-\frac{1}{7}+\cdots$ 求 π 的近似值，直到某一项的绝对值小于 10^{-6}。

5. 求 1～100 的全部素数。

6. 求 $1+(1+2)+(1+2+3)+\cdots+(1+2+3+\cdots+98+99+100)$ 的值。

7. 一个球从 200 米高度自由落下，每次落地后又反跳回原高度的一半，再落下，再反弹。求它在第 10 次落地时，共经过多少米？第 10 次反弹多高？

8. 牛群问题。若一头母牛，从第四年头开始每年生一头小母牛。按此规律，求第 n 年时的母牛数。

9. 百鸡问题。假设公鸡每只 5 元，母鸡每只 3 元，小鸡三只 1 元。现有 100 元，要求买 100 只鸡，求公鸡、母鸡、小鸡各多少只。

10. 猴子吃桃问题。猴子第一天摘下若干桃子，吃了一半多一个；第二天又吃了剩下的一半多一个。以后每天都吃了前一天剩下的一半零一个。到第十天时，桃子只剩一个。求第一天共摘了多少个桃子。

11. 编写一个猜数游戏程序，程序中给定一个被猜的整数（1～32 767），从键盘上反复输入整数进行试猜。未猜中时，提示数过大或过小；猜中时，指出猜的次数，并给一个分数（一次猜中的 100 分，3 次猜中的 90 分，10 次猜中的 80 分，15 次猜中的 70 分，20 次猜中的 60 分，最多能猜 20 次）。

第 4 章　类与对象

4.1　面向对象程序设计简介

随着计算机硬件飞速发展以及计算机应用的不断深入，软件的需求量越来越大，软件的规模也越来越大，导致软件的生产、调试、维护越来越困难，从而引发了软件危机。人们期待着一种效率高、简单、易理解且更加符合人们思维习惯的程序设计语言，以加快软件的开发步伐、缩短软件开发周期，面向对象就是在这种情况下应运而生的。

4.1.1　从面向过程到面向对象

在面向对象程序设计方法出现之前，面向过程的程序设计是盛行的方法，面向过程的程序设计方法在工程上还存在很多不足，通过学习下面一组例子，读者可以获得初步的体会。

【例 4.1】　从键盘输入两个三角形的三边，计算并输出它们的面积。

下面的程序是采用 C 语言，按照最朴素的数据处理思想编写的。

```
1    #include <stdio.h>
2    #include <math.h>
3    int main() {
4        double a1, b1, c1;
5        double a2, b2, c2;

6        printf("请输入第一个三角形的三边:");
7        scanf("%lf%lf%lf", &a1, &b1, &c1 ) ;
8        printf("请输入第二个三角形的三边:");
9        scanf("%lf%lf%lf", &a2, &b2, &c2 ) ;

10       double p, s;
11       p = (a1 + b1 + c1 )  / 2;
12       s = sqrt(p*(p-a1 ) *(p-b1 ) *(p-c1 ) );
13       printf("第一个三角形的面积: %f\n", s);

14       p = (a2 + b2 + c2 )  / 2;
15       s = sqrt(p*(p-a2 ) *(p-b2 ) *(p-c2 ) );
```

```
16        printf("第二个三角形的面积: %f\n", s);
17    }
```

运行结果如图 4.1 所示：

图 4.1　例 4.1 程序的运行结果

上面的程序运行无疑是正确的，但是不能称为“好”的程序：

（1）a1,b1,c1 和 a2,b2,c2 分别表示两个三角形的三边，但相互之间没有绑定关系，容易错误混用导致不正确的计算结果；

（2）必须通读整个程序你才能知道这个程序的功能。另外，有两处重复编写三角形面积公式，容易引入错误；

（3）如果要扩展这个程序，比如增加求解两个梯形的面积，你新增加的代码和原来的代码混在一起，本来看起来已经复杂的程序就更复杂了。

可以引进面向过程的思想来改进上面的程序：

【例 4.2】　用面向过程的思想改进例 4.1 的程序。

```
1    #include <stdio.h>
2    #include <math.h>
3    struct Triangle {
4        double a, b, c;
5    };
6    double getTriangleArea(double a, double b, double c) {
7        double p = (a+b+c) / 2;
8        double s = sqrt(p*(p-a)*(p-b)*(p-c));
9        return s;
10   }
11   int main() {
12       struct Triangle t1, t2;
13       printf("请输入第一个三角形的三边:");
14       scanf("%lf%lf%lf", &t1.a, &t1.b, &t1.c);
15       printf("请输入第二个三角形的三边:");
16       scanf("%lf%lf%lf", &t2.a, &t2.b, &t2.c);

17       printf("第一个三角形的面积: %f\n", getTriangleArea(t1.a,t1.b,t1.c));
```

```
18          printf("第二个三角形的面积: %f\n", getTriangleArea(t2.a,t2.b,t2.c));
19    }
```

从例 4.1 到例 4.2，我们主要做了以下修改：

（1）用 C 语言的结构体 struct 将一个三角形的三边绑定在一起，防止与其他变量的错误混用；

（2）用函数 getTriangleArea()定义三角形的面积的计算；一方面很容易明白这个程序是求三角形面积的，另一方面不管要计算多少个三角形的面积，面积公式只在这里定义，如果有错误，很容易发现和修改。

例 4.2 的程序运行结果仍然如图 4.1 所示，但是例 4.2 的程序更容易让人理解，也更加容易扩展，例如，你要增加计算两个梯形的面积的功能，那么你只要增加梯形的结构体 struct Trapezoid 和函数 getTrapezoidArea()即可。

当然，例 4.2 的程序还远不是完美无缺的，因为函数 getTriangleArea()需要三个参数，如果增加梯形面积的计算，函数 getTrapezoidArea()也需要三个参数（上底、下底和高）。你不经意地用了 getTriangleArea()来求解一个梯形面积，可能得不到正确的结果。最好函数 getTriangleArea()和三角形的数据绑定在一起，而函数 getTrapezoidArea()和梯形的数据绑定在一起，这样就可以避免对函数的误用了。但是，面向过程的 C 只能做到这一步，要将数据和相应的操作绑定在一起，就需要一种面向对象语言，JAVA 就是一种优秀的面向对象程序设计语言。

4.1.2　面向对象程序设计的概念

任何一种面向对象程序设计语言都可以克服上面例 4.2 的不足，下面我们给出 JAVA 实现的版本。

【例 4.3】　例 4.2 的面向对象 JAVA 实现。程序中用 Triangle 类绑定（面向对象术语：封装）了三角形的三边，以及求面积的函数（面向对象术语：方法）。

```
1    import java.util.Scanner;

2    class Triangle {
3         double a, b, c;
4         double getArea(){            // 不需要参数了，因为和变量 a，b，c 绑定了
5              double p = (a+b+c) / 2;
6              double s = Math.sqrt(p*(p-a)*(p-b)*(p-c));
7              return s;
8         }
9    }
10   public class Example4_3 {
11        public static void main(String args[]) {
```

```
12            Triangle t1 = new Triangle(); // 第一个三角形
13            Triangle t2 = new Triangle(); // 第二个三角形

14            Scanner scanner = new Scanner(System.in);
15            System.out.print("请输入第一个三角形的三边:");
16            t1.a = scanner.nextDouble();
17            t1.b = scanner.nextDouble();
18            t1.c = scanner.nextDouble();

19            System.out.print("请输入第二个三角形的三边:");
20            t2.a = scanner.nextDouble();
21            t2.b = scanner.nextDouble();
22            t2.c = scanner.nextDouble();

23            System.out.println("第一个三角形的面积:" + t1.getArea());
24            System.out.println("第二个三角形的面积:" + t2.getArea());
25        }
26    }
```

从例 4.2 到例 4.3，我们主要做了以下修改：

（1）把 C 语言的结构 struct 换成 JAVA 类 class。

（2）将函数 getTriangleArea()一并移到 class 里面，跟 class 的数据一起绑定，由于 getTriangleArea ()和三角形三边 a,b,c 具有这种绑定关系，所以 getTriangleArea()名称改为 getArea()，另外 getArea()自然具有访问 Triangle 类数据的能力，因此原来的形参也不需要了。

（3）将 C 语言的键盘输入和屏幕显示方法换成 JAVA 方式。

上面的例子中，我们利用 JAVA 把一组相关的数据以及与这组数据相关的操作绑定在一起，提高了模块的独立性，不但可读性提高了，而且易于扩展，例如，要增加计算两个梯形的面积的功能，只要增加梯形类 Trapezoid 类即可，Trapezoid 类包含梯形的属性和相应的 getArea()方法，不会和原来的 Triangle 类造成混淆。

我们通过例 4.1 到 4.3 完成了从朴素的数据处理到面向过程，再到面向对象的程序转换。这并不等于说我们以后编写都要进行类似的转换，仅仅是让我们体现面向对象编程的好处。实际上，我们可以一次编写成例 4.3 的样子，只要我们掌握面向对象的程序设计思想。

面向对象程序设计（英语：Object-oriented programming，缩写：OOP）是一种程序设计范型，同时也是一种程序开发的方法。对象指的是类的实例，它将对象作为程序的基本单元，将程序和数据封装其中，以提高软件的重用性、灵活性和易扩展性。

面向对象程序设计可以看作一种在程序中包含各种独立而又互相调用的对象的思

想，这与传统的思想不同：传统的程序设计主张将程序看作一系列函数的集合，或者直接就是一系列对电脑下达的指令。面向对象程序设计中的每一个对象都应该能够接受数据、处理数据并将数据传达给其它对象，因此它们都可以被看作一个小型的“机器”，即对象。

4.1.3　面向对象程序设计的流程

面向对象提供了一种很好的“提供服务和接受服务”机制的实现，“提供服务”主要是抽象过程，将具体对象归纳为一个抽象对象（类），然后从这个抽象对象看如何给其他类的方法提供数据处理服务，“接受服务”主要是实例化过程，就是以类为模板创建具体对象，并通过具体对象完成数据处理。下面我们给出 JAVA 面向对象程序设计的一般流程：

1. 提供服务的设计

① 识别待处理对象。例如 4.1，要处理的对象就是两个三角形，所做的处理就是求面积；

② 归纳对象得到类（抽象）。例 4.1 中，两个三角形都有三边的属性，都有求面积的操作，可以归纳成一个 Triangle 类。类通常以类图表示（见图 4.2）；

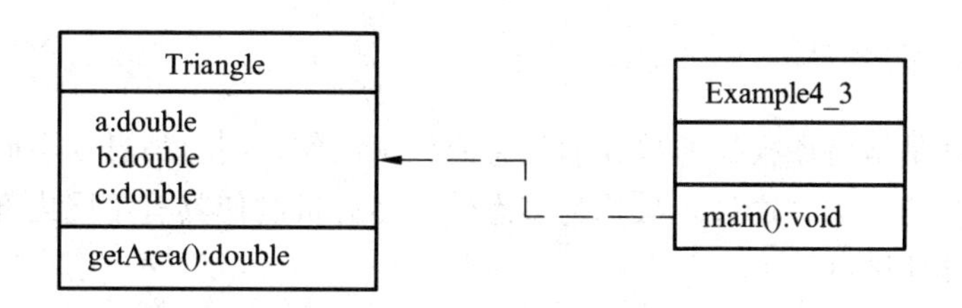

图 4.2　例 4.3 的类图

③ 归纳子类得到超类得到类层次。例 4.1 不涉及类层次设计，类层次也是用类图表示，此内容在下一章讨论；

④ 实现个各类和类层次。就是将类图转换成 JAVA 程序，例 4.1 对应的 JAVA 程序就是例 4.3 的 Triangle 类。

2. 接受服务的设计

① 设计对象交互。本例是创建两个三角形，并求它们的面积。

② 实现对象交互过程。例 4.1 对应的 JAVA 程序就是例 4.3 的 Example4_3 类的 main() 方法。

3. 运行调试

4.1.4　面向对象程序设计的特点

面向对象程序设计主要体现在下面的三个特点：封装性、继承性及多态性。

1. 封装性

封装性：封装是一种信息隐蔽技术，它体现于类的说明，是对象的重要特性。封装使数据和加工该数据的方法（函数）封装为一个整体，以实现独立性很强的模块，使得用户只能见到对象的外特性（对象能接受哪些消息，具有那些处理能力），而对象的内特性（保存内部状态的私有数据和实现加工能力的算法）对用户是隐蔽的。封装的目的在于把对象的设计者和对象的使用者分开，使用者不必知晓行为实现的细节，只须用设计者提供的消息来访问该对象。

2. 继承性

继承性：继承性是子类自动共享父类之间数据和方法的机制。它由类的派生功能体现。一个类直接继承其它类的全部描述，同时可修改和扩充。继承具有传递性。继承分为单继承（一个子类只有一父类）和多重继承（一个类有多个父类），JAVA 只支持单继承，不支持多继承。类的对象是各自封闭的，如果没继承性机制，则类对象中数据、方法就会出现大量重复。继承不仅支持系统的可重用性，而且还促进系统的可扩充性。继承概念的实现方式有二类：实现继承与接口继承。实现继承是指直接使用基类的属性和方法而无需额外编码的能力；接口继承是指仅使用属性和方法的名称、但是子类必须提供实现的能力。

3. 多态性

所谓多态就是指对象根据所接收的消息而做出动作，同一消息为不同的对象接受时可产生完全不同的行动，这种现象称为多态性。多态机制使具有不同内部结构的对象可以共享相同的外部接口。

在面向对象方法中，对象和传递消息分别表现事物及事物间相互联系的概念。

4.2 类

类（Class）是实际组成 JAVA 程序的基本要素。关于类的概念，有一种说法是：类是用来定义对象的模板，是一组共享相同结构和行为的对象构成的集合。另一种说法是：类是一个一般化的对象，设计类就是从内部去看待这个一般化的对象，并合理设计这个一般化的对象的数据和操作。

4.2.1 类的定义

类的实现包括两部分：类声明和类体。定义类的基本格式为：

```
class 类名 {
类体的内容
}
```

其中，class 是声明类的关键字；类名必须符合 JAVA 的标识符命名规则，“class 类名”是类的声明部分，“{}”所界定的部分为类体。

1. 类的声明及类体

我们仍然以例子 4.3 的 Triangle 类为例：

```
class Triangle {                    //类的声明
    double a, b, c;                 //声明成员变量
    double getArea(){               //定义方法
        double p = (a+b+c) / 2;
        double s = Math.sqrt(p*(p-a)*(p-b)*(p-c));
        return s;
    }
}
```

class Triangle 为类的声明，Triangle 是类名。类名必须符合 JAVA 的标识符命名规则，即可以是 字母、数字、$、_(下划线)，不可用数字开头，不能是 java 的关键字。给类命名时，建议遵守下列编程风格（这不是语法要求）：

（1）如果类名使用拉丁字母，那么名字的首字母使用大写字母。

（2）类名最好容易识别、见名知意。当类名由几个“单词”复合而成时，每个单词的首字母使用大写，如 NowTime，ChinesePeople 等。

2. 类体

一个类的类体包括两部分构成： 定义成员变量和 定义方法。定义的成员变量是用来刻画属性，方法用来刻画功能。

上面的类 Triangle 中，定义了三个成员变量 a,b 和 c，一个方法 getArea()。

4.2.2 成员变量、类变量和局部变量

1. 成员变量、类变量、局部变量的概念

（1）成员变量的作用保存对象的状态信息，同一个类的不同对象的状态信息是不同的，所以不同对象各自拥有一份成员变量，例 4.3 中两个三角形各自拥有自己的三边，因此成员变量也称为“实例变量”或“域”。

定义成员变量的基本语法如下：

类型说明符 变量名;

至于定义的位置，则要求定义必须放在类体内，所有方法之外。

（2）类变量用于保存整个类所有对象的公共信息，同一个类的所有对象共享一份类变量，例如，我们可以在例 4.3 的 Triangle 类中增加一个类变量 totalArea 表示该类所有三角形的总面积（见例 4.7），不管我们通过三角形 t1 还是 t2 访问，所得到的总面积都是一样的。

定义类变量的基本语法如下：

static 类型说明符 变量名;

和成员变量不同，数据类型之前用 static 修饰，static 表示“全局的”“静态的”意思，

因此类变量也叫静态变量。

至于定义的位置，也要求定义必须放在类体内，所有方法之外。

（3）局部变量是在类的方法中声明的变量，它们的作用是辅助完成对成员变量的处理。定义局部变量的格式和成员变量类似，只是定义的位置必须在某个方法中。

2. 变量的有效范围

JAVA 变量的作用范围有四个级别：类级、对象实例级、方法级、块级。

（1）类级变量：又称全局级变量，在对象产生之前就已经存在，就是用 static 修饰的属性（类变量）。

（2）对象实例级：就是成员变量。

（3）方法级：就是在方法内部定义的变量，就是局部变量，从声明它的位置之后开始有效。

（4）块级：也属于局部变量，是定义在一个块内部的变量，变量的生存周期就是这个块，出了这个块就消失了，比如 if、for 语句的块。

【例 4.4】 我们引进一个例子说明上面两个问题：从键盘输入两个整数，求它们的最大公约数。

这里我们将两个整数看成一个对象，即一对整数，归纳成一个类 IntPair，属性就是两个整数，操作就是求最大公约数。

```
1   import java.util.Scanner;
2   class   IntPair {
3       int x, y;           // 成员变量，对象级，所有实例方法有效
4       static String theClassName = "整数对"; // 类变量，类级
5       int getGCD() {// 若方法有形参，形参属于方法级局部变量
6           int a=x, b=y, r; // 局部变量，方法级，出现位置开始到方法结束有效
7           if(a<b){
8               int t;          // 局部变量，块级，出现位置开始到块结束有效
9               t=a;a=b;b=t;
10          }
11          do{
12              r=a%b;
13              a=b;
14              b=r;
15          } while(r!=0);
16          return a;
17      }
18  }
```

```
19   public class Example4_4 {
20       public static void main(String[] args) {
21           IntPair p1 = new IntPair();
22           Scanner scanner = new Scanner(System.in);
23           System.out.print("请输入两个正整数:");
24           p1.x = scanner.nextInt();
25           p1.y = scanner.nextInt();

26           System.out.println(IntPair.theClassName + "(" + p1.x + "," + p1.y + ")" +"
最大公约数是 :" + p1.getGCD());
27       }
28   }
```

运行结果：

```
请输入两个正整数:12 18
整数对（12,18）最大公约数是 :6
```

注意：

（1）类变量在整个类的方法内都有效；

（2）成员变量在整个类的实例方法内都有效（实例方法的概念参看后面的 4.2.7 小节）；

（3）局部变量只在声明它的方法内有效，从声明处到方法结束，使用时必须显式初始化；方法参数属于局部变量，在整个方法内有效；

（4）块变量只在声明它的块内有效，从声明处到块结束，使用时必须显式初始化；

4.2.3 成员变量的隐藏

为了方便变量命名，JAVA 允许局部变量与成员变量的名字相同，如果局部变量与成员变量的名字相同，则成员变量被隐藏，即这个成员变量在这个方法内暂时失效，若要同时使用局部变量与成员变量，必须使用关键字 this（见后面章节 4.2.9 this 关键字）区分。

【例 4.5】 在例 4.3 的 Triangle 类中增加一个设置三角形三边的方法。为简单起见，这里没有检验 a，b，c 是否构成三角形。

```
1   class Triangle {
2       double a, b, c;

3       double getArea(){
4           double p = (a+b+c) / 2;
5           double s = Math.sqrt(p*(p-a)*(p-b)*(p-c));
6           return s;
7       }
```

```
8        void setSide(double a, double b, double c) {
9             this.a = a; // this.a 指实例变量的 a，等号右边的 a 指形参里面的 a，下同
10                       // 直接用 a 将访问不到实例变量 a，这叫隐藏
11            this.b = b;
12            this.c = c;
13       }
14  }
```

4.2.4 方法

对成员变量的处理是在方法中完成的，定义方法的基本形式如下：

<数据类型> <方法名>（[<参数列表>]） {

方法体

}

<方法名>可以是任何合法的标识符。

<数据类型>表示方法返回值的类型。<数据类型>必须指定（唯一特例是类的构造方法不能有返回数据类型），并要在方法后面使用 return 语句返回值。如果方法不返回任何值，它必须声明为 void(空)。JAVA 技术对返回值的要求是很严格的。

<参数列表>允许将参数值传递到方法中。列举的元素由逗号分开，而每一个元素包含一个类型和一个标识符。

4.2.5 方法重载

JAVA 多态性的两种不同表现，分别为重载和重写。重载是静态多态性，即同名不同参数。

重写就是覆盖，动态多态性，同名又同参数。

重载要满足条件：

（1）必须是同一个类；

（2）方法名（也可以叫函数名）一样；

（3）参数类型不一样或参数数量不一样。

【例 4.6】 在例 4.5 的 Triangle 类中再增加两个设置三角形三边的方法，第一个只有一个参数 a，用于设置成等边三角形，第二个有两个参数 a，b 用于设置成 b 为底的等腰三角形。为简单起见，这里也没有检验 a，b，c 是否构成三角形。

```
1   class Triangle {
2        double a, b, c;

3        double getArea(){    // 求面积的方法
4             double p = (a+b+c) / 2;
```

```
5           double s = Math.sqrt(p*(p-a)*(p-b)*(p-c));
6           return s;
7       }
8       void setSide(double a) { // 以下三个方法名称都是相同的，但参数不同
9           this.a = a;
10          this.b = a;
11          this.c = a;
12      }
13      void setSide(double a, double b) {
14          this.a = a;
15          this.b = b;
16          this.c = a;
17      }
18      void setSide(double a, double b, double c) {
19          this.a = a;
20          this.b = b;
21          this.c = c;
22      }
23  }
24  public class Example4_6 {
25      public static void main(String[] args) {
26          Triangle t1 = new Triangle();
27          t1.setSide（6）; //  等边三角形
28          System.out.println("等边三角形面积:" + t1.getArea());
29          t1.setSide（5,6）; //  等腰三角形
30          System.out.println("等腰三角形面积:" + t1.getArea());
31          t1.setSide（3,4,5）; //  直角三角形
32          System.out.println("直角三角形面积:" + t1.getArea());
33      }
34  }
```

运行结果：

```
等边三角形面积:15.588457268119896
等腰三角形面积:12.0
直角三角形面积:6.0
```

注意：处理数据的语句必须放在某个方法之内，实例方法可以对类变量、成员变量和该方法体中声明的局部变量进行操作。

4.2.6 构造方法

在前面例子 4.3 中，我们先创建三角形对象，然后再给三角形的三边赋值，这样做的不足是容易将不合法的数据输入到对象中。为了避免类似的错误，面向对象采用构造方法(constructor)来给对象的属性赋值，检验输入数据的合法性。每个类都有构造方法。如果没有显式地为类定义构造方法，JAVA 编译器将会为该类提供一个默认构造方法。

构造方法的名称必须与类同名，一个类可以有多个构造方法。在创建一个对象的时候，至少要调用一个构造方法。前面例 4.3 的三角形类的构造方法看起来应该是这个样子（详见见例 4.7）:

```
1    class Triangle {
2        double a, b, c;

3        Triangle(double a, double b, double c) {
4            // 默认三角形
5            this.a = 3; this.b = 4; this.c = 5;
6            // 检验输入数据的合法性
7            if(a<=0 || b<=0 || c<=0) return;
8            if(a+b<=c || a+c<=b || a+c<=b) return;
9            // 更新成新的三角形
10           this.a = a; this.b = b; this.c = c;
11       }
12   // 省略其他部分…
13   }
```

构造方法是一种特殊的成员方法，它的特殊性反映在如下几个方面:

（1）构造方法的名字必须与定义他的类名完全相同，没有返回类型，连 void 也没有。

（2）构造方法的调用是在创建一个对象时使用 new 操作进行的。构造方法的作用是初始化对象。

（3）每个类可以有零个或多个构造方法，即构造方法可以被重载。

（4）不能被 static、final、synchronized、abstract 和 native 修饰。构造方法不能被子类继承。

（5）构造方法在创建对象时自动执行，一般不能显式地直接调用。

默认构造方法没有参数，方法体也为空。一旦自定义了一个或多个构造方法，默认的构造方法就不能再用，若一定要用，一定要重新定义。与一般的方法一样，构造方法可以进行任何操作，但是经常将其设计为进行各种初始化操作，比如初始化对象的成员变量。

4.2.7 类方法和实例方法

方法声明时，方法类型前面不加关键字 static 修饰的是实例方法、加 static 修饰的是类方法（静态方法）。

【例 4.7】 创建两个三角形并求总面积和平均面积。三角形的三边可以直接在程序中输入。

```
1   class Triangle {
2       double a, b, c;                        // 实例变量：保存三角形的三边
3       static double totalArea = 0.0;         // 类变量：保存总面积
4       static int number = 0;                 // 类变量：保存三角形的总数

5       Triangle(double a, double b, double c) {
6           // 默认三角形
7           this.a = 3; this.b = 4; this.c = 5;
8           // 检验输入数据的合法性
9           if(a<=0 || b<=0 || c<=0) return;
10          if(a+b<=c || a+c<=b || a+c<=b) return;
11          // 更新成新的三角形
12          this.a = a; this.b = b; this.c = c;

13          totalArea += this.getArea();
14          number += 1;
15      }

16      double getArea(){
17          double p = (a+b+c) / 2;
18          double s = Math.sqrt(p*(p-a)*(p-b)*(p-c));
19          return s;
20      }

21      static double getAvgArea() {   // 求平均面积的类方法
22          if(number > 0 )
23              return totalArea / number;
24          else
25              return 0;
26      }
27  }
```

```
28  public class Example4_7 {
29      public static void main(String[] args) {
30          Triangle t1 = new Triangle（3,4,5）;
31          Triangle t2 = new Triangle（6,6,6）;

32          System.out.println("三角形个数是:" + Triangle.number);
33          System.out.println("三角形总面积是:" + Triangle.totalArea);
34          System.out.println("三角形平均面积是:" + Triangle.getAvgArea());
35      }
36  }
```

运行结果：

```
三角形个数是:2
三角形总面积是:21.588457268119896
三角形平均面积是:10.794228634059948
```

注意：实例方法既能对类变量操作也能对实例变量操作，而类方法只能对类变量进行操作。例如，上面的 getAvgArea()方法是不能访问三角形的三边 a，b，c 的。

4.2.8 方法的相互调用

为了实现复杂的功能，一个类内的方法可以相互调用。

1. 实例方法或类方法的相互调用

【例 4.8】 修改例子 4.4，增加一个有最小公倍数的方法。

```
1   import java.util.Scanner;
2   class IntPair {
3       int x, y;          // 成员变量，对象级，所有实例方法有效
4       static String theClassName = "整数对"; // 类变量，类级
5       int getGCD() {
6           int a=x, b=y, r; // 局部变量，方法级，出现位置开始到方法结束有效
7           if(a<b){
8               int t;          // 局部变量，块级，出现位置开始到块结束有效
9               t=a;a=b;b=t;
10          }
11          do{
12              r=a%b;
13              a=b;
14              b=r;
```

```
15              } while(r!=0);
16              return a;
17          }
18          int getLCM() {
19              return (x*y) / getGCD(); //  调用了前面的实例方法
20          }
21  }

22  public class Example4_8 {
23          public static void main(String[] args) {
24              IntPair p1 = new IntPair();

25              Scanner scanner = new Scanner(System.in);
26              System.out.print("请输入两个正整数:");
27                      p1.x = scanner.nextInt();
28                      p1.y = scanner.nextInt();

29                      System.out.println(IntPair.theClassName + "(" + p1.x + "," + p1.y +
")" +"最大公约数是 :" + p1.getGCD());
30                      System.out.println(IntPair.theClassName + "(" + p1.x + "," + p1.y +
")" +"最小公倍数是 :" + p1.getLCM());
31          }
32  }
```

运行结果：

```
请输入两个正整数:12 18
整数对（12,18）最大公约数是 :6
整数对（12,18）最小公倍数是 :36
```

注意：实例方法可以调用该类中所有其它方法，而类中的类方法只能调用该类的其他类方法，不能调用实例方法。

2. 构造方法的相互调用

【例 4.9】 在例子 4.6 中增加三个构造方法，使得可以根据参数构造一般三角形、等腰三角形和等边三角形。

```
1   class Triangle {
2           double a, b, c;
3           static double totalArea = 0.0; //  保存总面积的类变量
```

```
4        static int number = 0; // 保存三角形的总数

5        Triangle(double a, double b, double c) {
6            // 默认三角形
7            this.a = 3; this.b = 4; this.c = 5;
8            // 检验输入数据的合法性
9            if(a<=0 || b<=0 || c<=0) return;
10           if(a+b<=c || a+c<=b || a+c<=b) return;
11           // 更新成新的三角形
12           this.a = a; this.b = b; this.c = c;

13           totalArea += this.getArea();
14           number += 1;
15       }

16       Triangle(double a, double b) { // b为底的等腰三角形
17           this(a, b, a);                  // 调用了前面的构造方法
18       }

19       Triangle(double a) {                // a为边长的等边三角形
20           this(a, a, a);                  // 调用了前面的构造方法
21       }

22       double getArea(){
23           double p = (a+b+c) / 2;
24           double s = Math.sqrt(p*(p-a)*(p-b)*(p-c));
25           return s;
26       }

27       static double getAvgArea() {   // 求平均面积的类方法
28           if(number > 0 )
29               return totalArea / number;
30           else
31               return 0;
32       }
33   }
```

```
35  public class Example4_9 {
36      public static void main(String[] args) {
37          Triangle t1 = new Triangle（3,4,5）；  //  直角三角形面积
38          Triangle t2 = new Triangle（5,6）；     //  等腰三角形
39          Triangle t3 = new Triangle（6）；       //  等边三角形

40          System.out.println("等边三角形面积:" + t1.getArea());
41          System.out.println("等腰三角形面积:" + t2.getArea());
42          System.out.println("直角三角形面积:" + t3.getArea());
43      }
44  }
```

运行结果与例 4.6 完全一样，我们只是将原来 setSide()的功能改用构造方法实现。

4.2.9 this 关键字使用小结

this 是 JAVA 的一个关键字，用在一个类的实例方法和构造方法中，表示当我们从内部看待这个一般化的对象时，那个当前的对象。

1. 在实例方法中使用 this

当 this 关键字出现在实例方法中时，代表正在调用该方法的当前对象。

（1）当实例成员变量在实例方法中出现时，默认的格式是：

this.成员变量

（2）当 static 成员变量（类变量）在实例方法中出现时，默认的格式是：

类名. 成员变量　　或　　this.成员变量

2. 在构造方法中使用 this

如果有一个类有几个构造方法，若想复制其中一个构造方法的某方面效果到另一个构造方法中，可以通过使用关键字 this 作为一个方法调用来达到这个目的。调用格式：

this(<另一个构造方法的参数>);

注意：如果在构造方法中调用 this，必须是第一个语句。

4.3 对　象

前面 4.2 小节我们从内部去设计一个类（可以看作一个一般化的对象），设计类的目的是从外部去使用这个类。使用类的常见方式是将这个类实例化，也就是我们说的创建对象。因为类是一个一般化的对象，不能完成具体的任务，创建对象就是以类作为模板创建一个具体的对象，以完成具体的任务。

4.3.1 创建对象

在 JAVA 中，使用关键字 new 来创建一个新的对象。创建对象需要以下三个过程：

（1）声明：声明一个对象，包括对象名称和对象类型；

（2）实例化：使用关键字 new 来创建一个对象，为对象分配内存；

（3）初始化：使用 new 创建对象时，会自动调用构造方法初始化对象。

我们创建一个对象有两种方法：

1. 先声明再创建

（1）对象声明：**类名 对象名;**

（2）对象创建：**对象名=new 类名();**

例如前面例 4.3 提到的三角形类 Triangle，则如下创建一个对象：

```
Triangle    t1;             // 声明三角形对象
t1 = new    Triangle(); // 创建三角形对象
```

2. 一步到位法

类名 对象名=new 类名();

例如：

```
Triangle    t1 = new    Triangle();
```

4.3.2 使用对象

（1）通过使用运算符“.” 操作对象内部的变量（对象的属性）。

对象.成员变量;

（2）使用运算符“.”,对象调用类中的方法（对象的功能）。

对象.成员方法();

练习：回头看看例 4.3、例 4.6、例 4.7 的主类的 main()方法，看看哪里使用了对象的成员变量，那里使用了对象的成员方法？

4.3.3 对象的引用和实体

堆（heap）是一种运行时的数据结构，它是一个大的存储区域，用于支持动态的内存管理。JAVA 的对象在堆中分配内存，对象的引用是在栈（Stack）中分配内存。也就是说，当用类创建一个对象时，类中的成员变量在堆中分配内存空间，这些内存空间称为该对象的实体或对象的变量，而对象中存放着引用，该引用在栈中分配内存，以确保实体由该对象操作使用。这里的内存，指的是 JVM (JAVA Virtual Machine)虚拟出来的 JAVA 进程内存空间。

当用类创建一个对象时，类中的成员变量在分配内存空间，这些内存空间称作该对象的实体或对象的变量，而对象中存放着引用。一个类创建的两个对象，如果具有相同的引用，那么就具有完全相同的实体。下面是例 4.3 的主类代码，为了方便叙述我们特别加了行号：

```
1    public class Example4_3 {
2        public static void main(String args[]) {
3            Triangle t1 = new Triangle(); // 创建第一个三角形
4            Triangle t2 = new Triangle(); // 创建第二个三角形

5            Scanner scanner = new Scanner(System.in);
6            System.out.print("请输入第一个三角形的三边:");
7            t1.a = scanner.nextDouble();
8            t1.b = scanner.nextDouble();
9            t1.c = scanner.nextDouble();

10           System.out.print("请输入第二个三角形的三边:");
11           t2.a = scanner.nextDouble();
12           t2.b = scanner.nextDouble();
13           t2.c = scanner.nextDouble();

14           System.out.println("第一个三角形的面积:" + t1.getArea());
15           System.out.println("第二个三角形的面积:" + t2.getArea());
16       }
17   }
```

程序的第 03 和 04 行分别创建了两个三角形对象，下面对这两个创建语句进行说明。

（1）首先看等号的右侧，new 在内存中为对象开辟空间。具体地说，new 是在内存的堆(heap)上为对象开辟空间，这一空间中，保存有对象的数据和方法。第 03 和 04 行共出现了两次 new，所以开辟了两处内存空间。

（2）再看等号的左侧。t1 和 t2 分别指代一个 Triangle 对象，被称为对象引用(reference)。实际上，t1 和 t2 存在于内存的栈(stack)中，并不是相应的 new 开辟的存储空间，而是类似于一个指向对象的指针。

（3）当我们用等号赋值时，是将右侧 new 在堆中创建对象的地址赋予给对象的引用。

4.3.4 方法的参数传递

之前我们讨论方法时，并没有讨论方法的参数，那是因为之前我们处理的数主要是基本数据类型，现在我们刚刚学习了对象的创建，对象就成了我们要处理的新的数据类型，当对象作为方法的参数传递时，和基本数据类型一样吗？

1. 基本数据类型的传递

【例 4.10】 基本数据类型作为方法参数的例子。

```
1    public class Example4_10 {
2        public static void main(String[] args) {
3            int num = 30;
4            System.out.println("调用 add 方法前 num=" + num);
5            add(num);
6            System.out.println("调用 add 方法后 num=" + num);
7        }
8        public static void add(int param) {
9            param = 100;
10       }
11   }
```

运行结果：

```
调用 add 方法前 num=30
调用 add 方法后 num=30
```

执行上面的程序不难发现：无论你在 add()方法中怎么改变参数 param 的值，原值 num 都不会改变。这个事实说明了基本类型作为参数传递时，传递的是这个值的拷贝。无论你怎么改变这个拷贝，原值是不会改变的。

下边通过内存模型来分析程序执行过程中变量值的变化。

当执行了 int num = 30;这句代码后，程序在栈内存中开辟了一块地址为 AD8500 的内存，里边放的值是 30，内存模型如图 4.3 所示。

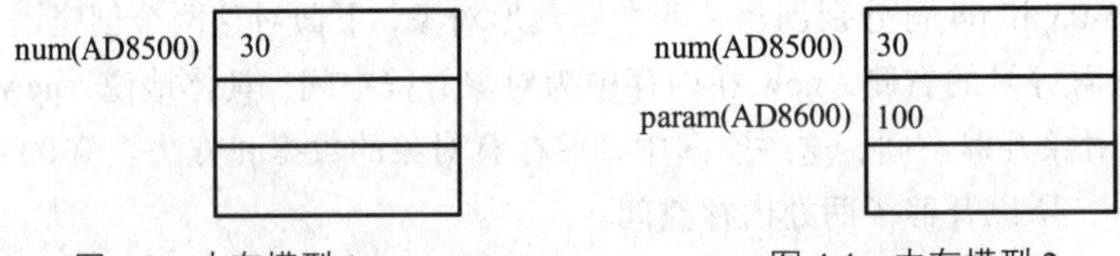

图 4.3　内存模型 1　　图 4.4　内存模型 2

执行到 add()方法时，程序在栈内存中又开辟了一块地址为 AD8600 的内存，将 num 的值 30 传递进来，此时这块内存里边放的值是 30，执行 param = 100;后，AD8600 中的值变成了 100。内存模型如图 4.4 所示。

地址 AD8600 中用于存放 param 的值和存放 num 的内存没有任何关系，无论你怎么改变 param 的值，实际改变的是地址为 AD8600 的内存中的值，而 AD8500 中的值并未改变，所以 num 的值也就没有改变。

2. 对象作为参数的传递

【例 4.11】　对象作为参数的例子，这里我们以 String 类为例。

```
1    public class Example4_11    {
2        public static void main(String[] args) {
```

```
3            String[] array = new String[] {"How are you!"};
4            System.out.println("调用reset方法前array中的第0个元素的值是:" + array[0]);
5            reset(array);
6            System.out.println("调用reset方法后array中的第0个元素的值是:" + array[0]);
7        }
8        public static void reset(String[] param) {
9            param[0] = "hello, world!";
10       }
11   }
```

运行结果：

```
调用 reset 方法前 array 中的第 0 个元素的值是:How are you!
调用 reset 方法后 array 中的第 0 个元素的值是:hello, world!
```

当对象作为参数传递时，传递的是对象的引用，也就是对象的地址。下边用内存模型如来说明，如图 4.5 所示。

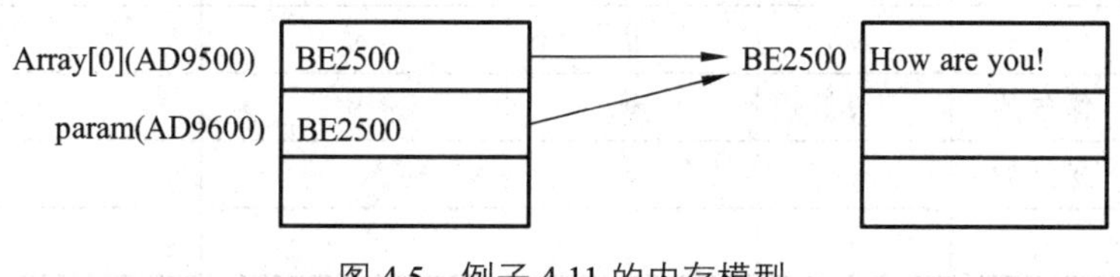

图 4.5　例子 4.11 的内存模型

这样一来，栈内存 AD9500 和 AD9600(即 array[0]和 param 的值)都指向了编号为 BE2500 的堆内存。

在 reset 方法中将 param 的值修改为 hello, world!后，内存模型如图 4.6 所示：

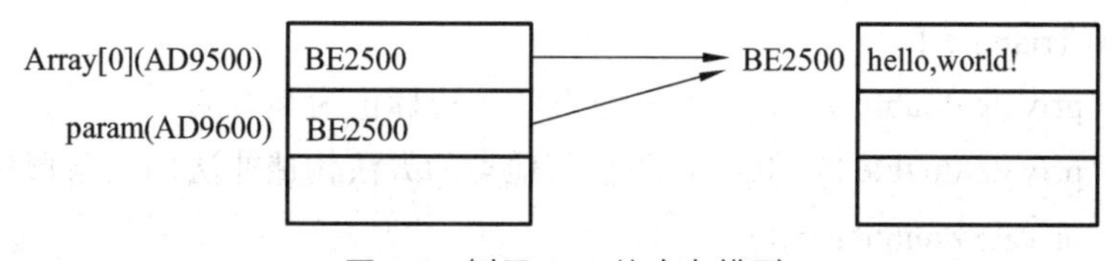

图 4.6　例子 4.11 的内存模型

改变对象 param 的值实际上是改变 param 这个栈内存所指向的堆内存中的值。param 这个对象在栈内存中的地址是 AD9600，里边存放的值是 BE2500，所以堆内存 BE2500 中的值就变成了 hello,world!。程序放回 main 方法之后，堆内存 BE2500 中的值仍然为 hello,world!，main 方法中 array[0]的值时，从栈内存中找到 array[0]的值是 BE2500，然后去堆内存中找编号为 BE2500 的内存，里边的值是 hello,world!。所以 main 方法中输出来的值就变成了 hello，world!

无论是基本类型作为参数传递，还是对象作为参数传递，实际上传递的都是值，只是值的形式不同而已。第一个示例中用基本类型作为参数传递时，将栈内存中的值 30 传递到了 add 方法中。第二个示例中用对象作为参数传递时，将栈内存中的值 BE2500 传递到了 reset 方法中。当用对象作为参数传递时，真正的值是放在堆内存中的，传递的是栈内存中的值，而栈内存中存放的是堆内存的地址，所以传递的就是堆内存的地址。这就是它们的区别。

4.4 访问权限

类的外部可以通过创建对象使用类的变量（属性）和方法（功能），如果使用不当就有可能将非法数据引入到对象内部，例如设置三角形三边时三边不能构成三角形，为了避免此类问题，JAVA 采用设置访问权限的方法保护变量和特定的方法，具体的做法是在类内对变量和方法进行标记，即加上权限修饰符，权限修饰符如表 4.1 所示：

表 4.1　JAVA 语言的权限修饰符

修饰符	权限名称	有效范围			
		类内部的方法	同一包的内其他类的方法	不同一包但是该类的子类的方法	不同一包也不是该类的子类的其他类的方法
public	公开的	√	√	√	√
protected	保护的	√	√	√	
默认	友好的	√	√		
private	私有的	√			

注意：访问权限对类内的方法没有影响，访问权限是用来限制类的外部对对象的属性和方法的访问的，但具体的标注却是在类内完成的。

【例 4.12】　完整标记了权限的三角形 Triangle 类。标记权限的理由已经在代码的注释中。

```
1     class Triangle {
2             private double a = 1;   // 三角形的三边标记为私有的,
3             private double b = 1;   // 防止其他类的方法构造非法的三角形对象
4             private double c = 1;

5             // 检验三角形合法性的方法，仅供内部使用，标记为私有的
6             private boolean check(double a, double b, double c){
7                     // 检验输入数据的合法性
8                     if(a<=0 || b<=0 || c<=0) return false;
9                     if(a+b<=c || a+c<=b || a+c<=b) return false;
10                    return true;
11            }
```

```
12          // 构造方法，供其他类的方法构造三角形对象
13          public Triangle(double a, double b, double c) {
14                if(!check(a, b, c)) return;
15                this.a = a; this.b = b; this.c = c;
16          }

17          // 构造方法，供其他类的方法构造三角形对象
18          public Triangle(double a, double b) { // b为底的等腰三角形
19                this(a, b, a);                    // 调用了前面的构造方法
20          }

21          // 构造方法，供其他类的方法构造三角形对象
22          public Triangle(double a) {              // a为边长的等边三角形
23                this(a, a, a);                    // 调用了前面的构造方法
24          }

25          // 设置三边，供其他类的方法改变三角形的三边
26          public void setSide(double a, double b, double c) {
27                if(!check(a, b, c)) return;
28                this.a = a;
29                this.b = b;
30                this.c = c;
31          }

32          // 设置三边，供其他类的方法改变三角形的三边
33          public void setSide(double a, double b) {
34                setSide(a,b,a);
35          }

36          // 设置三边，供其他类的方法改变三角形的三边
37          public void setSide(double a) {
38                setSide(a, a, a);
39          }

40          // 求三角形周长，供其他类的方法求解周长
41          public double getPerimeter(){
```

```
42            return a + b + c;
43        }
44        // 求三角形面积，供其他类的方法求解面积
45        public double getArea(){
46            double p = (a+b+c) / 2;
47            double s = Math.sqrt(p*(p-a)*(p-b)*(p-c));
48            return s;
49        }
50    }

51    public class Example4_12 {
52        public static void main(String[] args) {
53            Triangle t = new Triangle（3,4,5）;     //  直角三角形面积
54            System.out.println("直角三角形周长:" + t.getPerimeter() + ",面积:" + t.getArea());

55            t.setSide（6）;
56            // t.a = 6; t.b = 6; t.c = 6; // 非法，访问了私有变量
57            System.out.println("等边三角形周长:" + t.getPerimeter() + ",面积:" + t.getArea());
58        }
59    }
```

运行结果：

```
直角三角形周长:12.0,面积:6.0
等边三角形周长:18.0,面积:14.588457268119896
```

4.5 本章小结

（1）面向对象程序设计是从对象角度看待数据处理问题；

（2）面向对象程序设计包含封装性、继承性和多态性三个特性；

（3）类的成员包括变量和方法；

（4）变量包括实例变量和类变量；方法中可以有自己的局部变量，局部变量可以和实例变量同名，此时发生变量隐藏；

（5）方法包括实例方法和类方法；方法可以相互调用，实例方法可以调用类的所有方法，类方法只能调用类方法；方法名称可以相同，但是参数个数或类型不同，此时称为方法的重载；

（6）构造方法是专门用于初始化实例变量的方法；

（7）可以对类的成员设置 public、protected、默认、private 等四种权限，防止对象数据被非法修改或发生不正确的方法调用。

【习题 4】

1. 设计 Rectangle 类：

（1）添加属性 width、height；

（2）在 Rectangle 类中添加两种方法计算矩形的周长和面积；

（3）创建一个主类，利用 Rectangle 输出一个矩形的周长和面积。

2. 设计一个 User 类：

（1）包括用户名、口令属性；

（2）获取和设置口令的方法，显示和修改用户名的方法等。

（3）创建一个主类，测试 User 类。

2. 定义一个 student 类：

（1）包括用户名、姓名、性别、出生年月等属性；

（2）init()——初始化各属性、display()——显示各属性、modify()——修改姓名等方法；

（3）创建一个主类，测试这个类。

3. 编写一个账户类(Account)：

（1）属性 id：账户号码，长整数；password：账户密码，字符串；name：真实姓名，字符串；personId：身份证号码，字符串；email：客户的电子邮箱，字符串；balance：账户余额，字符串；

（2）方法：deposit：存款方法，参数是 double 型的金额；withdraw：:取款方法，参数是 double 型的金额；

（3）创建一个主类，测试这个类。

第 5 章　类的继承及接口

上一章我们介绍了面向对象程序设计的基本概念，如类的定义、对象的创建（实例化）、类的成员等。本章将继续介绍类的继承性、类的访问权限、抽象类、匿名类以及包和接口等概念。

5.1　类的继承

面向对象的重要特点之一就是继承。类的继承使得能够在已有的类的基础上构造新的类，新类除了具有被继承类的属性和方法外，还可以根据需要添加新的属性和方法。继承有利于代码的复用，通过继承可以更有效地组织程序结构，并充分利用已有的类来完成复杂的任务，减少了代码冗余和出错的几率。

5.1.1　父类和子类

继承所表达的就是一种对象类之间的相交关系，它使得某类对象可以继承另外一类对象的数据成员和成员方法。若类 B 继承类 A，则属于 B 的对象便具有类 A 的全部或部分性质(数据属性)和功能(操作)，我们称被继承的类 A 为基类、父类或超类，而称继承类 B 为 A 的派生类或子类。继承的过程，就是从一般到特殊的过程。

子类的创建格式：

```
[public][<修饰符>] class <子类名> extends <父类名>{
…………
}
```

extends 是关键字，告诉编译器创建的类是从父类继承下来的子类，父类必须是 JAVA 系统类或已经定义的类。

【例 5.1】　继承的例子。

```
1    //建一个 Triangle 类
2    class Triangle {
3          double a, b, c;
4          public Triangle(double a, double b, double c) {
5                this.a = a;
6                this.b = b;
7                this.c = c;
8          }
```

```
9        public void Printr(){
10           System.out.println("三角形三条边分别是："+ a+","+b+","+c);
11       }
12   }

13   //TTSUBISHIpost 继承 Triangle
14   class TTSUBISHIpost extends Triangle {
15       int high;
16       public TTSUBISHIpost(double a, double b, double c,int h){
17           super(a, b, c);
18           high=h;
19           System.out.println("三菱柱的边分别是"+ a+"，"+b+"，"+c+"厘米");
20           System.out.println("三菱柱的高度是"+high+"厘米");
21       }
22   }

23   public class Example5_1{
24       public static void main(String aa[]){
25           TTSUBISHIpost  t=new TTSUBISHIpost（30,40,50,60);
26       }
27   }
```

运行的结果是：

```
三菱柱的边分别是 30.0，40.0，50.0 厘米
三菱柱的高度是 60 厘米
```

例子中的 Circle 类就是父类，Table 类是子类。Table 类继承了 Circle 类的属性 radius 作为圆桌半径，新增了属性 high 作为圆桌高度。

继承避免了对一般类(父类)和特殊类(子类)之间共同特征进行的重复描述。同时，通过继承可以清晰地表达每一项共同特征所适应的概念范围—— 在一般类中定义的属性和操作适应于这个类本身以及它以下的每一层特殊类的全部对象。

5.1.2 成员变量的继承和隐藏

1. 成员变量的继承

继承原则：

（1）子类不能继承父类的 private 成员变量；

（2）子类能继承父类的 public 和 protected 成员变量；

（3）子类能继承同一包中有默认权限修饰符的成员变量。

2. 成员变量的隐藏

上一章提到，如果局部变量的名字与成员变量的名字相同，则成员变量被隐藏，即这个成员变量在这个方法内暂时失效。

隐藏原则：其实，子类的成员变量和父类的成员变量同名，父类的成员变量也会被隐藏（不能继承）。

当在子类中要使用被隐藏了的父类的成员变量，在子类里调用的格式为：

super.被隐藏的成员变量

【例 5.2】 成员变量的继承和隐藏的例子。

```
1    class A
2    {
3            protected double y=12.56;
4    }
5    class B extends A
6    {
7            int y=0;            //初始化，默认值为 0
8            void g()
9            {
10               y=y+100;     //这里使用的 y 是子类 B 的 y，类 A 的 y 被隐藏，
                              //不能被继承
11                            //若这里要使用的 y 是父类 A 的 y，则把语句改为
                              //y=super.y+100;
12               System.out.printf("y=%d\n",y);
13           }
14   }
15   class Example5_2
16   {
17           public static void main(String args[ ])
18           {
19               B b=new B();
20               b.y=-40;
21               b.g();
22           }
23   }
```

程序运行结果：

```
y=60
```

在程序中对变量的引用时，什么情况下不需要加 this、super，什么情况下需要加，

加哪个？其规则如下：

（1）当不涉及同名变量的定义时，对变量的引用不需要加 this 或 super 关键字。

（2）当涉及同名变量的定义时，分两种情况：

① 方法变量和成员变量同名，在引用成员变量时，前边加 this；

② 本类成员变量和父类成员变量同名，在引用父类成员变量时，前边加 super。

变量的隐藏类似于方法的覆盖，也可以称为属性的覆盖。只是为了区分是指变量而不是方法，用另一个名词“隐藏”称之而已。

5.1.3 覆盖（Override）方法

所谓方法的覆盖（重写），就是指在子类中重写了与父类中有相同名字的方法。这样做的好处是方法名一致易记易用，可以实现与父类方法不同的功能。

【例 5.3】 覆盖方法的例子

```
1    public class Example5_3{
2        public static void main(String[] args) {
3            Triangle myTriangle = new Triangle("三角形");
4            myTriangle.show(); // 父类的实例调用父类中的方法
5            RightTriangle rtTri= new RightTriangle("直角三角形");
6            rtTri.show(); // 子类的实例调用子类中的方法
7        }
8    }

9    class Triangle {
10       String name;
11       public Triangle (String name){
12           this.name = name;
13       }
14       public void show(){
15           System.out.println("我是一个普通三角形，请叫我" + name );
16       }
17   }
18   class RightTriangle extends Triangle {
19   // 构造方法不能被继承，通过 super()调用
20       public RightTriangle(String name){
21           super(name);
22       }
23       // 覆盖 show() 方法
24       public void show(){
```

```
25              System.out.println("我是一个直角三角形，请叫我" + name );
26      }
27  }
```

运行结果：

```
我是一个普通三角形，请叫我三角形
我是一个直角三角形，请叫我直角三角形
```

注意：在引用父类方法时，我们使用了 super 关键字。在前边我们看到了 this 关键字的使用。this 代表当前对象对本类成员的引用；而 super 则代表当前对象对父类成员的引用。

方法覆盖的原则：

覆盖方法的返回类型、方法名称、参数列表必须与原方法的相同。

覆盖方法不能比原方法访问性差（即访问权限不允许缩小）。

覆盖方法不能比原方法抛出更多的异常。

被覆盖的方法不能是 final 类型，因为 final 修饰的方法是无法覆盖的。

被覆盖的方法不能为 private，否则在其子类中只是新定义了一个方法，并没有对其进行覆盖。

被覆盖的方法不能为 static。如果父类中的方法为静态，而子类中的方法不是静态，但是两个方法除了这一点外其他都满足覆盖条件，那么就会发生编译错误；反之亦然。即使父类和子类中的方法都是静态的，并且满足覆盖条件，但是仍然不会发生覆盖，因为静态方法是在编译的时候把静态方法和类的引用类型进行匹配。

5.1.4　上转型对象

有一种类型转换，叫造型，也叫强制类型转换。回忆一下，我们在的 JAVA 的基本概念中，说到基本数据类型的强制类型转换，可以把一个浮点数强制转换为整型，比如：double x=3.14; int nx = (int)x;这样，x=3，把小数部分丢掉了。我们同样可以把类强制转换为另一个类。但不是什么时候都可以转换的，只允许子类转换成父类，不允许父类转换成子类。

1. 上转型对象定义

如果类 B 是类 A 的子类或间接子类，当用类 B 创建对象 b 并将这个对象 b 的引用赋给类 A 的对象 a 时，如：

```
A a;
a = new B();
```

或

```
A a;
B b = new B();
a = b;
```

则称类 A 的对象 a 是子类 B 对象 b 的上转型对象。

【例 5.4】 上转型对象例子

```
1   public class Example5_4{
2       public static void main(String[] args) {
3           Triangle   myTriangle= new RightTriangle （3,4,5）;//上转型对象
4            myTriangle.show();
5           RightTriangle rtTri = (RightTriangle)myTriangle;
6           System.out.println(rtTri.getArea());
7       }
8   }

9   class Triangle {
10      double a,b,c;
11      public Triangle(double a, double b, double c) {
12          this.a = a;
13          this.b = b;
14          this.c = c;
15      }
16      public void show(){
17          System.out.println("我是一个普通三角形" );
18      }
19  }

20  class RightTriangle extends Triangle {
21      public RightTriangle(double a, double b, double c) {
22          super(a,b,c);
23      }
24      double getArea(){
25          double p = (a+b+c) / 2;
26          double s = Math.sqrt(p*(p-a)*(p-b)*(p-c));
27          return s;
28      }

29      // 覆盖 show() 方法
30      public void show(){
31          System.out.println("我是直角三角形" );
32      }
33  }
```

运行结果：

```
我是直角三角形
6.0
```

对象的上转型对象的实体是子类负责创建的，但上转型对象会失去原对象的一些属性和功能（上转型对象相当于子类对象的一个“简化”对象）。上转型对象具有如下特点：

（1）上转型对象不能操作子类新增的成员变量（失掉了这部分属性），不能调用子类新增的方法（失掉了一些行为）。

（2）上转型对象可以访问子类继承和隐藏的成员变量，也可以调用子类继承的方法或子类重写的方法。上转型对象操作子类继承的方法或子类重写的实例方法，其作用等价于子类对象去调用这些方法。因此，如果子类重写了父类的某个实例方法后，当对象的上转型调用这个实例方法时一定是调用了子类重写的实例方法。

5.1.5 多态性

【例 5.5】 多态性例子

```
1   class Graphical{
2       public void display(){
3           System.out.println("这是一个形状。");
4       }
5   }
6
7   class Rectangular extends Graphical{
8   }
9
10  class Square extends Graphical{
11      public void display(){
12          System.out.println("这是一个正方形。");
13      }
14  }
15
16  public class Example5_5{
17      public static void main(String[] args){
18          Graphical rectangular = new Rectangular();
19          rectangular.display();
20
21          Graphical square = new Square ();
22          square.display();
```

```
23          }
24   }
```

运行结果：

```
这是一个形状。
这是一个正方形。
```

虽然 rectangular 和 square 两个都是 Graphical 声明的对象，也都是调用 display() 这个方法，但从运行结果可以看到它们结果不一样。

因为类 Rectangular 直接继承自类 Graphical，没有做任何操作，所以它的对象 rectangular 直接调用继承类 Graphical 的 display 这个方法，而 Square 类定义了一个和父类一模一样的方法（这就是重写），这时候调用的 display 方法用的就是子类的而不是父类的，所有这里说 display 这个方法被覆盖了。

5.2 抽象类

类是对现实世界中实体的抽象，但我们不能以相同的方法为现实世界中所有的实体做模型，因为大多数现实世界的类太抽象而不能独立存在。

例如，我们熟悉的平面几何图形类，对于圆、矩形、三角形、有规则的多边形及其他具体的图形可以描述它的形状并根据相应的公式计算出面积来的。那么任意的几何图形又如何描述呢？它是抽象的，我们只能说它表示一个区域，它有面积。那么面积又如何计算呢，我们不能够给出一个通用的计算面积的方法来，这也是抽象的。在现实生活中，会遇到很多的抽象类，诸如交通工具类、鸟类等等。

5.2.1 抽象类的定义

在 JAVA 中的抽象类，是在类说明中用关键字 abstract 修饰的类。

一般情况下，抽象类中可以包含一个或多个只有方法声明而没有定义方法体的方法。当遇到这样一些类，类中的某个或某些方法不能提供具体的实现代码时，可将它们定义成抽象类。

定义抽象类的一般格式如下：

```
[访问权限符]  abstract  class  类名
 {
    //属性说明
     …………
    //抽象方法声明
     …………
    //非抽象方法定义
     ……………
}
```

其中，声明抽象方法的一般格式如下：

[访问权限符]　abstract　数据类型　方法名([参数表]);

注意：抽象方法只有声明，没有方法体，所以必须以“;”号结尾。

有关抽象方法和抽象类说明如下：

（1）所谓抽象方法，是指在类中仅仅声明了类的行为，并没有真正实现行为的代码。也就是说抽象方法仅仅是为所有的派生子类定义一个统一的接口，方法具体实现的程序代码交给了各个派生子类来完成，不同的子类可以根据自身的情况以不同的程序代码实现。

（2）抽象方法只能存在于抽象类中，正像刚才所言，一个类中只要有一个方法是抽象的，则这个类就是抽象的。

（3）构造方法、静态（static）方法、最终（final）方法和私有（private）方法不能被声明为抽象的方法。

（4）一个抽象类中可以有一个或多个抽象方法，也可以没有抽象方法。如果没有任何抽象方法，这就意味着要避免由这个类直接创建对象。

（5）抽象类只能被继承（派生子类）而不能创建具体对象即不能被实例化。

下边我们举例说明抽象类的定义。

定义一个平面几何形状 Shape 类：每个具体的平面几何形状都可以获得名字且都可以计算面积，我们定义一个方法 getArea()来求面积，但是在具体的形状未确定之前，面积是无法求取的，因为不同形状求取面积的数学公式不同，所以我们不可能写出通用的方法体来，只能声明为抽象方法。定义抽象类 Shape 的程序代码如下：

```
/* 这是抽象的平面形状类的定义
* 程序的名字是：Shape.java
 */
abstract class Shape
{
   String name;   //声明属性
   public   abstract   double   getArea(); //抽象方法声明
}
```

在该抽象类中声明了 name 属性和一个抽象方法 getArea( )，之后通过派生不同形状的子类来实现抽象类 Shape 的功能。

5.2.2　抽象类的实现

如前所述，抽象类不能直接实例化，也就是不能用 new 运算符去创建对象。抽象类只能做为父类使用，而由它派生的子类必须实现其所有的抽象方法，才能创建对象。

下边我们举例说明抽象类的实现。

【例 5.6】　派生一个三角形类 Tritangle，计算三角形的面积。计算面积的数学公式是：

$$area = \sqrt{s(s-a)(s-b)(s-c)}$$

其中，a, b, c 表示三角形的三条边；s=1.0/2*(a+b+c)

//这是定义平面几何图形三角形类的程序

```
1     class Tritangle extends Shape   //这是 Shape 的派生子类
2     {
3          double sideA,sideB,sideC;   //声明实例变量三角形 3 条边
4          public Tritangle() //构造方法
5          {
6               name="示例全等三角形";
7               sideA=1.0;
8               sideB=1.0;
9               sideC=1.0;
10         }
11         public Tritangle(double sideA,double sideB,double sideC)//构造方法
12         {
13              name="任意三角形";
14              this.sideA = sideA;
15              this.sideB = sideB;
16              this.sideC = sideC;
17         }
18         //覆盖抽象方法
19         public   double getArea()
20         {
21              double s=0.5*(sideA+sideB+sideC);
22              return   Math.sqrt(s*(s-sideA)*(s-sideB)*(s-sideC));
23    //使用数学开方方法
24         }
25    }
26    // 这是一个测试 Tritangle 类的程序
27    public class Example5_6
28    {
29         public static void   main(String [ ] args)
30         {
31              Tritangle t1,t2;
32              //创建对象 t1，给出任意三角形的 3 条边为 5、6、7
33              t1=new Tritangle（5.0,6.0,7.0);
34              t2=new Tritangle(); //创建对象 t2
35              System.out.println(t1.name+"的面积="+t1.getArea());
```

```
36              System.out.println(t2.name+"的面积="+t2.getArea());
37          }
38  }
```

运行结果：

```
任意三角形的面积=14.696938456699069
示例全等三角形的面积=0.4330127018922193
```

对于圆、矩形及其他形状类的定义与三角形类似，作为作业留给大家，不再重述。

5.3 内部类、匿名类及最终类

内部类和匿名类是特殊形式的类，它们不能形成单独的 JAVA 源文件，在编译后也不会形成单独的类文件。最终类是以 final 关键字修饰的类，最终类不能被继承。

5.3.1 内部类

所谓内部类（Inner Class），是指被嵌套定义在另外一个类内甚至是一个方法内的类，因此也把它称之为类中类。嵌套内部类的类称为外部类（Outer Class），内部类通常被看成是外部类的一个成员。

下边举例说明内部类的使用。

【例 5.7】 内部类的例子

```
1    public class MyOuter {
2          private int x = 100;
3          class MyInner {    // 创建内部类
4                private String y = "Hello!";
5                public void innerMethod() {
6                      System.out.println("内部类中  String =" + y);
7                      System.out.println("外部类中的 x =" + x);
8                      // 直接访问外部类中的实例变量 x
9                      outerMethod();
10                     System.out.println("x is" + MyOuter.this.x);
11               }
12         }
13
14         public void outerMethod() {
15               x++;
16         }
17
```

```
18        public void makeInner() {
19        //在外部类方法中创建内部类实例
20            MyInner in = new MyInner();
21        }
22
23        public static void main(String[] args) {
24            MyOuter mo = new MyOuter();
25            // 使用外部类构造方法创建 mo 对象
26            MyOuter.MyInner inner = mo.new MyInner();
27            //常规内部类需要通过外部类的实例才能创建对象
28            // 创建 inner 对象
29            inner.innerMethod();
30            // TODO Auto-generated method stub
31        }
32  }
```

运行结果：

```
内部类中  String =Hello!
外部类中的 x =100
x is 101
```

内部类作为一个成员，它有如下特点：

（1）若使用 static 修饰，则为静态内部类；否则为非静态内部类。静态和非静态内部类的主要区别在于：

内部静态类对象和外部类对象可以相对独立。它可以直接创建对象，即使用 new 外部类名.内部类名() 格式；也可通过外部类对象创建（如 Circle 类中，在 remainArea()方法中创建）。非静态类对象只能由外部对象创建。

静态类中只能使用外部类的静态成员不能使用外部类的非静态成员；非静态类中可以使用外部类的所有成员。

在静态类中可以定义静态和非静态成员；在非静态类中只能定义非静态成员。

（2）外部类不能直接存取内部类的成员，只有通过内部类才能访问内部类的成员。

（3）如果将一个内部类定义在一个方法内（本地内部类），它完全可以隐藏在方法中，甚至同一个类的其他方法也无法使用它。

5.3.2 匿名类和最终类

1. 匿名类

所谓匿名类（Anonymouse Class）是一种没有类名的内部类，通常更多地出现在事件处理的程序中。匿名内部类是局部内部类的一种特殊形式，也就是没有变量名指向这个类的实例，而且具体的类实现会写在这个内部类里面。

注意：匿名类必须继承一个父类或实现一个接口。

【例 5.8】 匿名类。

```
1   abstract class Triangle {
2           public abstract void show();
3   }
4
5   public class Example5_8 {
6           public static void main(String[] args){
7               // 继承 Person 类
8                   new Triangle() {
9                       public void show() {
10                              System.out.println("一个三角形！");
11                      }
12                  }.show();
13          }
14  }
```

运行结果：

```
一个三角形！
```

2. 最终类

所谓最终类即是使用“final”关键字修饰的类。一个类被声明为最终类，这就意味着该类的功能已经齐全，不能够由此类再派生子类。在定义类时，当你不希望某类再能派生子类，可将它声明为最终类。

5.4 接口

在前边，我们介绍了抽象类的基本概念，在 JAVA 中可以把接口看作是一种特殊的抽象类，它只包含常量和和抽象方法的定义，而没有变量和方法的实现，它用来表明一个类必须做什么，而不去规定它如何做。因此我们可以通过接口表明多个类需要实现的方法。由于接口中没有具体的实施细节，也就没有和存储空间的关联，所以可以将多个接口合并起来，由此达到多重继承的目的。

5.4.1 接口的定义

与类的结构相似，接口也分为接口声明和接口体两部分。定义接口的一般格式如下：

```
[public] interface 接口名        //接口声明
{
    //常量数据成员的声明及定义
```

```
    数据类型    常量名=常数值;
    ……
    //声明抽象方法
    返回值类型   方法名([参数列表]) [throw  异常列表] ;
    ……
}
```

对接口定义说明如下：

（1）接口的访问权限只有 public 和缺省的。

（2）interface 是声明接口的关键字，与 class 类似。

（3）接口的命名必须符合标识符的规定，并且接口名必须与文件名相同。

（4）允许接口的多重继承，通过“extends 父接口名列表”可以继承多个接口。

（5）对接口体中定义的常量，系统默认为是“static final”修饰的，不需要指定。

（6）对接口体中声明的方法，系统默认为是“abstract”的，不需要指定；对于一些特殊用途的接口，在处理过程中会遇到某些异常，可以在声明方法时加上“throw 异常列表”，以便捕捉出现在异常列表中的异常。

例如:

```
interface Shape {
    public   double   getArea();
}
```

5.4.2 接口的实现

所谓接口的实现，即是在实现接口的类中重写接口中给出的所有方法，书写方法体代码，完成方法所规定的功能。定义实现接口类的一般格式如下：

```
[访问权限符] [修饰符] class 类名 [extends 父类名]  implements 接口名列表
{
    [类的成员变量说明]  //属性说明
    [类的构造方法定义]
    [类的成员方法定义]  //行为定义
    /*重写接口方法*/
    接口方法定义          //实现接口方法
}
```

【例 5.9】 定义一个梯形类来实现 Shape 接口。

```
1    interface   Shape   //定义一个接口
2    {
3         double   PI=3.141596; //含常量 PI
4         double   getArea();//方法 getArea()
5         double   getGirth();//方法 getGirth()
```

```
6   }
7
8   class Trapezium    implements Shape    //定义一个梯形类
9   {
10      public double upSide;
11      public double downSide;
12      public double height;
13      public Trapezium()
14      {
15          upSide=1.0;
16          downSide=1.0;
17          height=1.0;
18      }
19      public Trapezium(double upSide,double downSide,double height)//构造方法
20      {
21          this.upSide=upSide;
22          this.downSide=downSide;
23          this.height=height;
24      }
25      public double    getArea()    //接口方法的实现求面积
26      {
27          return 0.5*(upSide+downSide)*height;
28      }
29      public double    getGirth()    //接口方法的实现求周长
30      {      //尽管我们不需要计算梯形的周长，但也必须实现该方法。
31          return 0.0;
32      }
33  }
34
35  public class Example5_9
36  {
37      public static void main(String [] args)
38      {
39          Trapezium t1=new Trapezium（4,8,6）;
40          System.out.println("上底为 4,下底为 8,高为 6 的梯形的面积="+t1.getArea());
41      }
42  }
```

运行结果 1：

```
上底为 4,下底为 8,高为 6 的梯形的面积=36.000000
```

在程序中，我们实现了接口 shape 中的两个方法。

注意：可能实现接口的某些类不需要接口中声明的某个方法，但也必须实现它。

5.5 本章小结

继承是面向对象的三大特征之一，也是实现软件复用的重要手段，JAVA 中只支持单继承，也就是说每个子类只有一个直接父类，但是 JAVA 中可以继承多个接口。

接口是常量值和方法定义的集合。接口是一种特殊的抽象类。

java 类是单继承的，java 接口可以多继承。

一个类如果实现了一个接口，则要实现该接口的所有方法，方法的名字、返回类型、参数必须与接口中完全一致。如果方法的返回类型不是 void，则方法体必须至少有一条 return 语句。因为接口的方法默认 public 类型，所以在实现时一定要用 public 来修饰（否则默认为 protected 类型，缩小了方法的使用范围）。

【习题 5】

1. 下面是有关子类继承父类构造函数的描述，其中正确的是（　　）。

A. 创建子类的对象时，先调用子类自己的构造函数，然后调用父类的构造函数。

B. 子类无条件地继承父类不含参数的构造函数。

C. 子类通过 super 关键字调用父类的构造函数。

D. 子类无法继承父类的构造函数。

2. 下述关于继承的说法正确的是（　　）

A. 要从一个父类派生出一个子类，就要将父类代码全部复制过来，再添上子类特有的代码。

B. 声明继承某个父类就意味着可以使用父类的全部非 private 变量和方法。

C. 被继承的父类代码必须与子类代码在同一个源代码文件（.java 文件）内。

D. 父类的字节码文件（.class 文件）必须与子类的字节码文件放在同一文件夹中。

3. 关于在子类中调用父类构造方法的问题，下述说法正确的是（　　）

A. 子类构造方法一定要调用父类的构造方法；

B. 子类构造方法只能在第一条语句调用父类的构造方法；

C. 调用父类构造方法的方式是：父类名(参数表);

D. 默认情况下子类的构造方法将调用父类的无参数构造方法。

4. 用 abstract 修饰的类称为抽象类，它们（　　）

A. 只能用以派生新类，不能用以创建对象；

B. 只能用以创建对象，不能用以派生新类；

C. 既可用以创建对象，也可用以派生新类；

D. 既不能用以创建对象，也不可用来派生新类。

5. 关于接口以下说法正确的是（　　）

A. 接口中的变量必须用 public static final 三个修饰词修饰；

B. 接口中的方法必须用 public abstract 两个修饰符修饰；

C. 一个接口可以继承多个父接口；

D. 接口的构造方法名必须为接口名。

6. 以下关于接口对象的说法中正确的是（　　）

A. 接口只能被类实现，不能用来声明对象；

B. 接口对象可以用关键词 new 创建；

C. 接口对象可以等于任何类的对象；

D. 接口对象只能等于实现该接口的类的对象。

7. 建立一个汽车 Auto 类，包括轮胎个数，汽车颜色，车身重量、速度等成员变量。并通过不同的构造方法创建实例。至少要求：汽车能够加速、减速、停车。再定义一个小汽车类 Car，继承 Auto，并添加空调、CD 等成员变量，覆盖加速，减速的方法

8. 设计一个能细分为矩形、三角形、圆形和椭圆形的“图形”类。使用继承将这些图形分类，找出能作为基类部分的共同特征(如校准点)和方法(如画法、初始化)，并看看这些图形是否能进一步划分为子类。

9. 创建一个 Vehicle 类并将它声明为抽象类。在 Vehicle 类中声明一个 NoOfWheels 方法，使它返回一个字符串值。创建两个类 Car 和 Motorbike 从 Vehicle 类继承，并在这两个类中实现 NoOfWheels 方法。在 Car 类中，应当显示“四轮车”信息；而在 Motorbike 类中，应当显示“双轮车”信息。创建另一个带 main 方法的类，在该类中创建 Car 和 Motorbike 的实例，并在控制台中显示消息。

10. 创建一个名称为 Vehicle 的接口，在接口中添加两个带有一个参数的方法 start() 和 stop()。在两个名称分别为 Bike 和 Bus 的类中实现 Vehicle 接口。创建一个名称为 interfaceDemo 的类，在 interfaceDemo 的 main()方法中创建 Bike 和 Bus 对象，并访问 start() 和 stop()方法。

第 6 章　常用实用类

6.1　字符串

字符是一种基本的数据类型，而字符串是抽象的数据类型，只能使用对象表示。JAVA 中的字符串有不变字符串和可变字符串，不变字符串由 String 类实现，可变字符串由 String Buffer 类实现。

6.1.1　String 类

String 类用于生成不变字符串对象，对字符串进行相关的处理。

1. 构造字符串对象

在前边我们使用字符串时，是直接把字符串常量赋给了字符串对象。其实 String 类提供了如下一些常用的构造方法用来构造字符串对象：

（1）String()：构造一个空的字符串对象。

（2）String(char chars[ ])：以字符数组 chars 的内容构造一个字符串对象。

（3）String(char chars[ ], int startIndex, int numChars)：以字符数组 chars 中从 startIndex 位置开始的 numChars 个字符构造一个字符串对象。

（4）String(byte [] bytes)：以字节数组 bytes 的内容构造一个字符串对象。

（5）String(byte[] bytes, int offset, int length)：以字节数组 bytes 中从 offset 位置开始的 length 个字节构造一个字符串对象。

还有一些其他的构造方法，使用时可参考相关的手册。

下面的程序片段以多种方式生成字符串对象：

```
String s=new String() ; //生成一个空串对象
char str1[]={'a','b','c','d'}; //定义字符数组 str1
char str2[]={'a','b','c','d','e'};//定义字符数组 str2
String s1=new String(str1 ) ;//用字符数组 str1 构造对象 s1
String s2=new String(str2,0,3 ) ;//用 str2 前 4 个字符构造对象
byte bstr1[]={97,98,99,100};//定义字节数组 bstr1
byte bstr2[]={97,98,99,100,101};//定义字节数组 bstr2
String s3=new String(bstr1 ) ;//用字节数组 bstr1 构造对象 s3
String s4=new String(bstr2,0,4 ) ;//用字节数组 bstr2 前 3 个字节构造对象 s4。
```

2. String 类对象的常用方法

String 类也提供了众多的方法用于操作字符串，以下列出一些常用的方法：

（1）public int length()：此方法返回字符串的字符个数。

（2） public char charAt(int index)：此方法返回字符串中 index 位置上的字符，其中 index 值的 范围是 0~length−1。例如：

String str1=new String("Hello, java."); //定义字符串对象 str1

int n=str1.length(); //获取字符串 str1 的长度 n=11

char ch1=str1.charAt(n−3)； //获取字符串 str1 倒数第三个字符,ch1='v'

（3）public int indexOf(char ch)：返回字符 ch 在字符串中第一次出现的位置。

（4）public lastIndexOf(char ch)：返回字符 ch 在字符串中最后一次出现的位置。

（5）public int indexOf(String str)：返回子串 str 在字符串中第一次出现的位置。

（6）public int lastIndexOf(String str)：返回子串 str 在字符串中最后一次出现的位置。

（7）public int indexOf(int ch, int fromIndex)：返回字符 ch 在字符串中 fromIndex 位置以后第一次出现的位置。

（8）public lastIndexOf(in ch ,int fromIndex)：返回字符 ch 在字符串中 fromIndex 位置以后最后一次出现的位置

（9）public int indexOf(String str,int fromIndex)：返回子串 str 在字符串中 fromIndex 位置后第一次出现的位置。

（10）public int lastIndexOf(String str,int fromIndex)：返回子串 str 在字符串中 fromIndex 位置后最后一次出现的位置。

【例 6.1】 String 类常用方法的实例

```
1   public class Example6_1 {
2       public static void main(String[] args) {
3           String s1=new String("This is a wonderful story.") ;
4           int n=s1.indexOf('s');          // n=3
5           System.out.println(n);
6           n=s1.lastIndexOf('s');          // n=20
7           System.out.println(n);
8           n=s1.indexOf("is");             // n=2
9           System.out.println(n);
10          n=s1.lastIndexOf("is");         // n=5
11          System.out.println(n);
12          n=s1.indexOf('o',16）;          // n=22
13          System.out.println(n);
14      }
15  }
```

运行结果：

```
3
20
2
```

```
5
22
```

（11）public String substring(int beginIndex) 返回字符串中从 beginIndex 位置开始的字符子串。

（12）public String substring(int beginIndex, int endIndex) 返回字符串中从 beginIndex 位置开始到 endIndex 位置(不包括该位置)结束的字符子串。例如：

```
String s1=new String("This is an exciting story.") ;
String s2=s1.substring（5）;  //s2=" is an exciting story."
String s3=s1.substring（8,19）;  //s3=" an exciting"
```

（13）public String contact(String str) 用来将当前字符串与给定字符串 str 连接起来。

注意：由于字符串的连接运算符"+"使用简便，所以很少使用 contact()方法进行字符串连接操作。当一个字符串与其他类型的数据进行"+"运算时，系统自动将其他类型的数据转换成字符串。例如：

```
int  a=10,b=5;
String  s1=a+" +" +b+" =" +a+b;
String  s2=a+" +" +b+" =" +(a+b);
System.out.println(s1）;   // 输出结果： 10+5=105
System.out.println(s2）;   // 输出结果： 10+5=15
```

（14）public String replaceAll(char oldChar,char newChar) 用来把串中所有由 oldChar 指定的字符替换成由 newChar 指定的字符以生成新串。

（15）public String toLowerCase() 把串中所有的字符变成小写且返回新串。

（16）public String toUpperCase() 把串中所有的字符变成大写且返回新串。

（17）public String trim() 去掉串中前导空格和拖尾空格且返回新串。

（18）public String[] split(String regex) 以 regex 为分隔符来拆分此字符串。

【例 6.2】 输入一行字符，计算数字字符的个数，并将小写字母转换成大写字母后输出。

```
1    import java.util.Scanner;
2    public class Example6_2 {
3         public static void main (String args[ ]) {
4              int m=0;
5              System.out.println("请输入一行字符:");
6              Scanner reader=new Scanner(System.in);
7              String str= reader.nextLine();
8              for(int i=0;i<str.length();i++){
9                   if( str.charAt(i)>='0' && str.charAt(i)<='9')
10                       m++;
11             }
```

```
12              System.out.println("有数字字符"+m+"个");
13              System.out.println("字符串转为大写后是"+str.toUpperCase());
14      }
15  }
```

运行结果：

```
请输入一行字符:
I am 20 years old!
有数字字符 2 个
字符串转为大写后是:I AM 20 YEARS OLD!
```

6.1.2 StringBuffer 类

在字符串处理中，String 类生成的对象是不变的，即 String 中对字符串的运算操作不是在源字符串对象本身上进行的，而是使用源字符串对象的拷贝去生成一个新的字符串对象，其操作的结果不影响源串。

StringBuffer 中对字符串的运算操作是在源字符串本身上进行的，运算操作之后源字符串的值发生了变化。StringBuffer 类采用缓冲区存放字符串的方式提供了对字符串内容进行动态修改的功能，即可以在字符串中添加、插入和替换字符。StringBuffer 类被放置在 java.lang 类包中。

1. 创建 StringBuffer 类对象

使用 StringBuffer 类创建 StringBuffer 对象，StringBuffer 类常用的构造方法如下：

（1）StringBuffer()：用于创建一个空的 StringBuffer 对象；

（2）StringBuffer(int length)：以 length 指定的长度创建 StringBuffer 对象；

（3）StringBuffer(String str)：用指定的字符串初始化创建 StringBuffer 对象。

注意：与 String 类不同，必须使用 StringBuffer 类的构造方法创建对象，不能直接定义 StringBuffer 类型的变量，如：StringBuffer sb = ” This is string object!”；是不允许的，必须使用：StringBuffer sb= new StringBuffer(” This is string object!”);

由于 StringBuffer 对象是可以修改的字符串，所以在创建 StringBuffer 对象时，并不一定都进行初始化工作。

2. 常用方法

1）插入字符串方法 insert()

insert()方法是一个重载方法，用于在字符串缓冲区中指定的位置插入给定的字符串。它有如下形式：

（1）insert(int index, 类型 参量) 可以在字符串缓冲区中 index 指定的位置处插入各种数据类型的数据（int、double、boolean、char、float、long、String、Object 等）。

（2）insert（int index, char [] str, int offset, int len） 可以在字符串缓冲区中 index 指定的位置处插入字符数组中从下标 offset 处开始的 len 个字符。如：

StringBuffer Name=new StringBuffer("李青青");

Name.insert（1," 杨");

System.out.println(Name.toString());//输出：李杨青青

2）删除字符串方法

StringBuffer 类提供了如下常用的删除方法：

（1）delete(int start,int end)　用于删除字符串缓冲区中位置在 start~end 之间的字符。

（2）deleteCharAt(int index) 用于删除字符串缓冲区中 index 位置处的字符。

如：

StringBuffer Name=new StringBuffer("李杨青青");

Name.delete（1,3）;

System.out.println(Name.toString());//输出：李青

3）字符串添加方法 append()

append()方法是一个重载方法，用于将一个字符串添加到一个字串缓冲区的后面，如果添加字符串的长度超过字符串缓冲区的容量，则字符串缓冲区将自动扩充。它有如下形式：

（1）append (数据类型 参量名)　可以向字符串缓冲区添加各种数据类型的数据（int、double、boolean、char、float、long、String、Object 等）。

（2）append(char[] str,int offset,int len)　将字符数组 str 中从 offset 指定的下标位置开始的 len 个字符添加到字符串缓冲区中。如：

StringBuffer Name=new StringBuffer("孙");

Name.append(" 悟空");

System.out.println(Name.toString());//输出：孙悟空

4）字符串的替换操作方法 replace()

replace()方法用于将一个新的字符串去替换字串缓冲区中指定的字符。它的形式如下：

replace(int start,int end,String str)　用字符串 str 替换字符串缓冲区中从位置 start 到 end 之间的字符。如：

StringBuffer Name=new StringBuffer("春天真美丽");

Name.replace（1,3,"到");

System.*out*.println(Name.toString());//输出：春到美丽

5）获取字符方法

StringBuffer 提供了如下从字串缓冲区中获取字符的方法：

（1）　charAt(int index)　取字符串缓冲区中由 index 指定位置处的字符；

（2）getChars(int start, int end, char[] dst, int dstStart)　取字符串缓冲区中 start~end 之间的字符并放到字符数组 dst 中以 dstStart 下标开始的数组元素中。

如：

StringBuffer str=new StringBuffer(" 三年级一班学生是李军")

char[] ch =new char[10];

```
str.getChars(0, 7, ch, 3）;
str.getChars（8, 10, ch, 0);
chr[2]=str.charAt（7）;
System.out.println(ch);        //输出：李军是三年级一班学生
```

6）其他几个常用方法

（1） toString()：将字符串缓冲区中的字符转换为字符串。

（2） length()：返回字符串缓冲区中字符的个数。

（3） capacity()：返回字符串缓冲区总的容量。

（4） ensureCapacity(int minimumCapacity) 设置追加的容量大小。

（5） reverse()：将字符串缓冲区中的字符串翻转。如：

```
StringBuffer str = new StringBuffer("1 东 2 西 3 南 4 北 5");
str.reverse();
System.out.println(str.toString()); //输出：5 北 4 南 3 西 2 东 1
```

（6） lastIndexOf(String str)：返回指定的字符串 str 在字符串缓冲区中最右边（最后）出现的位置。

（7） lastIndexOf(String str,int fromIndex)：返回指定的字符串 str 在字符串缓冲区中由 fromIndex 指定的位置前最后出现的位置。

（8） substring(int start)：取字串。返回字符串缓冲区中从 start 位置开始的所有字符。

（9） substring(int start, int end)：取字串。返回字符串缓冲区中从位置 start 开始到 end 之前的所有字符。

3. 应用举例

【例 6.3】 StringBuffer 类常用方法的应用

```
1    public class Example6_3 {
2        public static void main(String args[]) {
3            StringBuffer str=new StringBuffer();
4            str.append("Hello!");
5            System.out.println("字符串 str 是:"+str);
6            System.out.println("length:"+str.length());
7            System.out.println("capacity:"+str.capacity());
8            str.append("you are good!");
9            System.out.println("字符串 str 是:"+str);
10           System.out.println("length:"+str.length());
11           System.out.println("capacity:"+str.capacity());
12           StringBuffer sb=new StringBuffer("Hello");
13           System.out.println("length:"+sb.length());
14           System.out.println("capacity:"+sb.capacity());
```

```
15        }
16   }
```

运行结果：

```
字符串 str 是:Hello!
length:6
capacity:16
字符串 str 是:Hello!you are good!
length:19
capacity:34
length:5
capacity:21
```

capacity()返回的是字符串缓冲区的容量。其中：

（1）调用构造方法 StringBuffer( )，默认分配 16 个字符的缓冲区，字符的 length 超过 16 但不超过 34 时，按照(初始大小+1）*2 的算法增加，即（16+1）*2,所以有 34，超过 34 时，容量就是实际字符个数。

（2）调用构造方法 StringBuffer(int len)，分配 len 个字符的缓冲区

（3）调用构造方法 StringBuffer(String s)，除了按照 s 的大小分配空间外，再分配 16 个字符的缓冲区

6.1.3 StringTokenizer 类

字符串是 JAVA 程序中主要的处理对象，在 Java.util 类包中提供的 StringTokenizer（字符串标记）类主要用于对字符串的分析、析取。如提取一篇文章中的每个单词等。下边我们简要介绍 StringTokenizer 类的功能和应用。

1. StringTokenizer 类的构造方法

StringTokenizer 类对象构造方法如下：

（1）StringTokenizer(String str)

（2）StringTokenizer(String str, String delim)

（3）StringTokenizer(String str, String delim, boolean returnDelims)

其中：

（1）str 是要分析的字符串。

（2）delim 是指定的分界符。

（3）returnDelims 确定是否返回分界符。

可将一个字符串分解成数个单元（Token—标记），以分界符区分各单元。系统默认的分界符是空格“ ”、制表符“\t”、回车符”\r”、分页符”\f”。当然也可指定其它的分界符。

2. 常用方法

StringTokenizer 提供的常用方法如下：

（1）int countTokens()　返回标记的数目。

（2）boolean　hasMoreTokens()　检查是否还有标记存在。

（3）String nextToken()　返回下一个标记；

（4）String nextToken(String delimit)　根据 delimit 指定的分界符，返回下一个标记。

3. 应用举例

【例 6.4】　输入一行英文，统计字符串中的单词个数。

```
1	import java.util.Scanner;
2	import java.util.StringTokenizer;
3	public class Example6_4 {
4	public static void main(String[] args){
5	   System.out.println("请输入一行英文:");
6	   Scanner reader=new Scanner(System.in);
7	   String str= reader.nextLine();
8	   StringTokenizer tk=new StringTokenizer(str);
9	   int n=0;
10	   while(tk.hasMoreTokens()){
11	              tk.nextToken();
12	          n++;
13	     }
14	   System.out.println("单词个数:"+n);   //输出单词数
15	  }
16	}
```

运行结果：

```
请输入一行英文:
You are so good!
单词个数:4
```

6.1.4　正则表达式及字符串替换、分解

正则表达式是一种文本模式，含有一些具有特殊意义字符的字符串，这些特殊字符称作正则表达式中的元字符，如表 6.1 所示。比如 “\\dhello” 中的\\d 就是有特殊意义的元字符，代表 0 到 9 中的任何一个；比如 “No\\d” 中的\\d 就是有特殊意义的元字符，代表 0 到 9 中的任何一个。

表 6.1　预定义字符类表

.	“.”	表示除“\r\n”之外的任意一个字符，所以如果要表示普通意义的“.”，必须使用[.]或“\\.”
\d	“\\d ”	表示任意一个数字字符
\D	“\\D”	表示任意一个非数字字符匹配
\s	“\\s”	匹配任何空白字符，包括空格、制表符、换行、换页符等。即[\t\n\x0B\f\r]
\S	“\\S”	匹配任何非空白字符
\w	“\\w”	匹配任何标识符的字符，但不包括美元符$
\W	“\\W”	匹配任何不能表示标识符的字符
\p{Lower}	\\p{Lower}	小写字母[a–z]
\p{Upper}	\\p{Upper}	大写字母[A–Z]
\p{ASCII}	\\p{ASCII}	ASCII 字符
\p{Alpha}	\\p{Alpha}	字母
\p{Digit}	\\p{Digit}	数字字符，即[0–9]
\p{Alnum}	\\p{Alnum}	字母或数字
\p{Punct}	\\p{Punct}	标点符号
\p{Graph}	\\p{Graph}	可见字符,即包含\p{Punct}和 \p{Punct}
\p{Print}	\\p{Print}	可打印字符
\p{Blank}	\\p{Blank}	空格或制表符[\t]
\p{Cntrl}	\\p{Cntrl}	控制字符

为了解决句点符号匹配范围过于广泛这一问题，你可以在方括号（“[ ]”）里面指定看来有意义的字符。此时，只有方括号里面指定的字符才参与匹配。例如正则表达式“t[aeio]n”只匹配“tan”、“Ten”、“tin”和“ton”。 方括号中元字符的意义：

[abc]:表示 a、b、c 中的任意一个字符。

[^abc]: 表示除 a、b、c 之外的任意一个字符。

[a–zA–Z]: 表示任意一个英文字母。

[a–c]: 表示 a 至 c 中的任意一个英文字母。

有时方括号中还允许嵌套方括号，进行并、交、差运算，如：

[abc[x–z]]: 表示 a 至 c，或 x 至 z 中的任意一个字符。(并集)

[a–z&&[b–d]]: 表示在 a–z 且在 a–d 中的任意一个字符，即 b、c 或 d 中的任意一个字符。(交集)

[a–g&&[^b–d]]: 表示 a 至 g 且不包括 b 至 d 的字符，即 a、e、f 或 g 中的任意一个字符。(差集)

我们可以指定匹配出现的次数，这时使用量词，量词意义如表 6.2 所示：

表 6.2　量词修饰符

X?	X 出现 0 次或 1 次
X*	X 出现 0 次或多次
X+	X 出现 1 次或多次
X{n}	X 刚好出现 n 次
X{n,}	X 至少出现 n 次
X{n,m}	X 出现 n 次至 m 次

例如：

regex=“student[1234]？”；

则“student”、“student1”、“student2”、“student3”、“student4”都是正则表达式 regex 匹配的字符串。

【例 6.5】　验证 Email 是否正确

```
1    public class Example6_5 {
2          public static void main(String[] args) {
3                String str1 = "service@ylu.edu.cn"; // 要验证的字符串
4                String str2 = " 7day@163.com"; // 要验证的字符串
5                String regex= "[a-zA-Z_]+\\p{Alnum}*@(\\p{Alnum}+\\.){1,2}[a-zA-z]+";
6                // 邮箱验证规则
7                boolean rs1=str1.matches(regex);
8                boolean rs2=str2.matches(regex);
9                System.out.println(rs1）;
10               System.out.println(rs2）;
11         }
12   }
```

运行结果：

```
true
false
```

6.2　字符串与基本数据之间的互相转换

6.2.1　把数字字符串转为数字

java.lang 包中的 Integer 类调用其类方法：

public static int parseInt(String s)

可以将由“数字”字符组成的字符串，如"123"，转化为 int 型数据，例如：

```
int x;
String s = "123";
x = Integer.parseInt(s);
```

类似地,使用 java.lang 包中的 Byte、Short、Long、Float、Double 类调相应的类方法可以将由“数字”字符组成的字符串，转化为相应的基本数据类型。

```
public static byte parseByte(String s) throws NumberFormatException
public static short parseShort (String s) throws NumberFormatException
public static long parseLong(String s) throws NumberFormatException
public static float parseFloat(String s) throws NumberFormatException
public static double parse Double (String s) throws NumberFormatException
```

6.2.2 把数字转为数字字符串

可以使用 String 类的类方法将形如 123、123.56 等数值转化为字符串。

```
public static String valueOf (byte n)
public static String valueOf (int n)
public static String valueOf (long n)
public static String valueOf (float n)
public static String valueOf (double n)
```

例如：

```
String str=String.valueOf（123.56）;
```

这样，str 的结果就是“123.56”。

其实，将 int 型整数转换成字串 String 有三种方法：

（1）String s = String.valueOf(i);

（2）String s = Integer.toString(i);

（3）String s = "" + i;

【例 6.6】 把字符串转换成数值的实例

```
1    public class Example6_6{
2          public static void main(String[] args)   {
3                int x,y,z;
4                String s1 = "123";
5                String s2 = "56";
6                //z=s1+s2;  //如果这样写这个赋值语句会出错
7                x = Integer.parseInt(s1）;
8                y = Integer.parseInt(s2）;
9                z=x+y;    //这里两个整数相加赋值给 z 正确
10               System.out.println(z);
```

```
11        }
12    }
```

6.3 Date 类

Date 类用来操作系统的日期和时间。

1. 常用的构造方法

（1）Date( )：用系统当前的日期和时间构建对象。

（2）Date(long date)：以长整型数 date 构建对象。date 是从 1970 年 1 月 1 日零时算起所经过的毫秒数。

2. 常用的方法

（1）boolean after(Date when)：测试日期对象是否在 when 之后。

（2）boolean before(Date when)：测试日期对象是否在 when 之前。

（3）int compareTo(Date anotherDate)：日期对象与 anotherDate 比较，如果相等返回 0 值；如果日期对象在 anotherDate 之后返回 1，否则在 anotherDate 之前返回-1。

（4）long getTime()：返回自 1970.1.1 00:00:00 以来经过的时间（毫秒数）。

（5）void setTime(long time)：以 time(毫秒数)设置时间。

6.4 Calendar 类

Calendar 类能够支持不同的日历系统，它提供了多数日历系统所具有的一般功能，它是抽象类，这些功能对子类可用。

下边我们简要介绍一下 Calendar 类。

6.4.1 类常数

该类提供了如下一些日常使用的静态数据成员：

AM（上午）、PM（下午）、AM_PM（上午或下午）；

MONDAY~ SUNDAY（星期一 ~ 星期天）；

JANUARY ~ DECENBER（一月 ~ 十二月）；

ERA（公元或公元前）、YEAR（年）、MONTH（月）、DATE（日）；

HOUR（时）、MINUTE（分）、SECOND（秒）、MILLISECOND（毫秒）；

WEEK_OF_MONTH（月中的第几周）、WEEK_OF_YEAR（年中的第几周）；

DAY_OF_MONTH（当月的第几天）、DAY_OF_WEEK（星期几）、DAY_OD_YEAR（一年中第几天）等。

另外还提供了一些受保护的数据成员，需要时请参阅文档。

6.4.2 构造方法

（1）protected Calendar()：以系统默认的时区构建 Calendar。

（2）protected Calendar(TimeZone zone, Locale aLocale)：以指定的时区构建 Calendar。

6.4.3 常用方法

（1）boolean after(Object when)：测试日期对象是否在对象 when 表示的日期之后。

（2）boolean before(Object when)：测试日期对象是否在对象 when 表示的日期之前。

（3）final void set(int year,int month,int date)：设置年、月、日。

（4）final void set(int year,int month,int date,int hour,int minute,int second)：设置年、月、日、时、分、秒。

（5）final void setTime(Date date)：以给出的日期设置时间。

（6）public int get(int field)：返回给定日历字段的值。

（7）static Calendar getInstance()：用默认或指定的时区得到一个对象。

（8）final Date getTime()：获得表示时间值（毫秒）的 Date 对象。

（9）TimeZone getTimeZone()：获得时区对象。

（10）long getTimeInMillis()：返回该 Calendar 以毫秒计的时间。

（11）static Calendar getInstance(Locale aLocale)：以指定的地点及默认的时区获得一个 calendar 对象。

（12）static Calendar getInstance(TimeZone zone)：以指定的时区获得一个 calendar 对象。

（13）static Calendar getInstance(TimeZone zone, Locale aLocale)：以指定的地点及时区获得一个 calendar 对象。

该类提供了丰富的处理日期和时间的方法，上边只是列出了一部份，详细内容请参阅 API 文档。

6.4.4 应用举例

Calendar 是抽象类，虽然不能直接建立该类的对象，但可以通过该类的类方法获得 Calendar 对象。

【例 6.7】 使用 Calendar 类的功能显示日期和时间。

```
1   import java.util.*;
2       public class CalendarApp
3       {
4           String [] am_pm={"上午","下午"};
5           public void display(Calendar cal) {
6           System.out.print(cal.get(Calendar.YEAR)+".");
7           System.out.print((cal.get(Calendar.MONTH)+1 ) +".");
```

```
8           System.out.print(cal.get(Calendar.DATE)+" ");
9           System.out.print(am_pm[cal.get(Calendar.AM_PM)]+" ");
10          System.out.print(cal.get(Calendar.HOUR)+":");
11          System.out.print(cal.get(Calendar.MINUTE)+":");
12          System.out.println(cal.get(Calendar.SECOND));
13      }
14      public static void main(String args[]) {
15          Calendar calendar=Calendar.getInstance();// 用默认时区得到对象
16          CalendarApp testCalendar=new CalendarApp();
17          System.out.print("当前的日期时间:");
18          testCalendar.display(calendar); //调用方法显示日期时间
19          calendar.set（2000,0,30,20,10,5）;// 设置日期时间
20          System.out.print("新设置日期时间:");
21          testCalendar.display(calendar);
22      }
23  }
```

运行结果：

```
当前的日期时间:2016.5.10 下午 10:33:17
新设置日期时间:2000.1.30 下午 8:10:5
应该注意到 MONTH 常数是以 0 ~ 11 计算的，即第 1 月为 0，第 12 月为 11。
```

6.5 Random 类

在实际生活和工作中，我们经常会遇到随机数的应用，诸如摇奖号码的产生、考试座位的随机编排等等。在前边介绍的 Math 类的 random()方法，可以产生 0~1 之间的随机数。Random 类是专门产生伪随机数的类，下边简要介绍 Random 类功能及应用。

6.5.1 构造方法

产生伪随机数是一种算法，它需要一个初始值（又称种子数）。种子一样，产生的随机数序列就一样。使用不同的种子数则可产生不同的随机数序列。

（1）Random()：以当前系统时钟的时间（毫秒数）为种子构造对象，该构造方法产生的随机数序列不会重复。

int(random()*m)+n 产生[n,n+m̃1]之间的整数。

（2）Random(long seed)：以 seed 为种子构造对象。

6.5.2 常用方法

（1）void setSeed(long seed)：设置种子数。

（2）void nextBytes(byte[] bytes)：产生一组随机字节数放入字节数组 bytes 中。

（3）int nextInt()：返回下一个 int 伪随机数。

（4）int nextInt(int n)：返回下一个 0 ~ n(包括 0 而不包括 n)之间的 int 伪随机数。

（5）long nextLong()：返回下一个 long 伪随机数。

（6）float nextFloat()：返回下一个 0.0 ~ 1.0 之间的 float 伪随机数。

（7）double nextDouble()：返回下一个 0.0 ~ 1.0 之间的 double 伪随机数。

6.5.3 应用举例

【例 6.8】 编写一个程序，实现抽题程序，给 10 个学生每人从第 1 到 20 题中随机抽取 3 道题。

```
1   import java.util.*;
2   public class Example6_8
3   {
4       public static void main(String[] args){
5           final int M=20;
6           Random rd=new Random(); //创建 Random 对象
7           final int N=10;
8           int [][] student=new int[N][3];
9           int []stu=new int[N];
10          System.out.println("学号\t\t"+"一题号\t 二题号\t 三题号");
11          for(int i=0;i<N;i++)
12          {
13              stu[i]=201606400+i; //生成学号
14              System.out.print(stu[i]+":\t");   //输出学号
15              for(int j=0;j<3;j++)
16              {
17                  int m=rd.nextInt(M)+1; //产生 1~M 之间的题号
18                  if(student[i][j]==m)j--;//题号已存在，重新产生下一个
19                  student[i][j]=m;
20                  System.out.print(student[i][j]+"\t");//输出题号
21              }
22          System.out.println();
23          }
24      }
25  }
```

运行结果：

```
学号          一题号 二题号   三题号
```

```
201606400:    12    12    13
201606401:    20    7     20
201606402:    10    1     11
201606403:    7     4     17
201606404:    13    18    13
201606405:    10    10    4
201606406:    4     16    12
201606407:    3     10    18
201606408:    4     16    4
201606409:    20    8     7
```

6.6 向量（Vector）类

和数组类似，向量也是一组对象的集合，所不同的是，数组只能保存同一类型固定数目的元素，一旦创建，便只能更改其元素值而不能再追加数组元素。尽管可以重新定义数组的大小，但这样做的后果是原数据丢失，相当于重新创建数组。向量既可以保存不同类型的元素，也可以根据需要随时追加对象元素，从某种意义上说，它相当于动态可变的数组。

下边我们简要介绍一下向量的功能和应用。

6.6.1 Vector 类的构造方法

创建 Vector 对象的构造方法如下：

（1）Vector()：创建新对象。其内容为空，初始容量为 10。

（2）Vector(Collection obj)：以类 Colloction（集合）的实例 obj 创建新对象，新对象包含了 Collection 对象 obj 的所有的元素内容。

（3）Vector(int initialCapacity)：创建新对象。其内容为空，初始容量由 initialCapacity 指定。

（4）Vector(int initialCapacity, int capacityIncrement)：创建新对象。其内容为空，初始容量由 initialCapacity 指定，当存储空间不够时，系统自动追加容量，每次追加量由 capacityIncrement 指定。如：

Vector studentVector=new Vector（100,10）;

创建对象时，初始容量为 100，以后根据使用需要以 10 为单位自动追加容量。

6.6.2 常用方法

Vector 类提供的常用方法如下：

1. 添加元素方法 add()

（1）viod add(int index, Object obj)：在向量中由 index 指定的位置处存放对象 obj。

（2）boolean add(Object obj)：在向量的尾部追加对象 obj。若操作成功，返回真值，否则返回假值。

（3）boolean addAll(Collection obj)：在向量的尾部追加 Collection 对象 obj。若操作成功，返回真值，否则返回假值。

（4）addAll(int index,Collection obj)：在向量中由 index 指定的位置处开始存放 Collection 对象 obj 的所有元素。

（5）insertElement(Object obj,int index)：在向量中由 index 指定的位置处存放对象 obj。如：

```
Vector aVector=new Vector（5）;
aVector.add(0,"aString");
Integer aInteger=new Integer（12）;
aVector.add（1,aInteger);
```

2. 移除元素方法 remove()

（1）remove(int index)：在向量中移除由 index 指定位置的元素。

（2）boolean remove(Object obj)：在向量中移除首次出现的 obj 对象元素。若操作成功，返回真值，否则返回假值。

（3）boolean removeAll(Collection obj)：在向量中移除 obj 对象的所有元素。若操作成功，返回真值，否则返回假值。

（4）removeAllElements()：在向量中移除所有元素。

3. 获取元素方法

（1）Object get(int index)：获取由 index 指定位置的向量元素。

（2）Object lastElement()：获取向量中最后一个元素。

（3）Object[] toArray()：将向量中的所有元素依序放入数组中并返回。

4. 查找元素方法 indexOf()

（1） int indexOf(Object obj)：获得 obj 对象在向量中的位置。

（2） int indexOf(Object obj, int index)：从 index 位置开始查找 obj 对象，并返回其位置。

（3） boolean contains(Object obj)：查找向量中是否存在 obj 对象，若存在返回 ture；否则 false。

5. 其他方法

（1）boolean isEmpty()：测试向量是否为空。

（2）int capacity()：返回向量的当前容量。

（3）int size()：返回向量的大小即向量中当前元素的个数。

（4）Boolean equals(Object obj)：将向量对象与指定的对象 obj 比较是否相等。

注意：向量的容量与向量的大小是两个不同的概念。向量容量是指为存储元素开辟的存储单元，而向量的大小是指向量中现有元素的个数。

6.6.3 应用举例

在前边的例子中，我们使用 StringTokenizer 类和数组的功能统计字符串中单词出现的频度，下边还以析取单词为例，使用向量的功能进行相关的处理。

【例 6.9】 统计一个英文字符串(或英文文章)中使用的单词数。

程序的基本处理思想和步骤如下：

（1）利用 StringTokenizer 类对象的功能析取单词；

（2）为保证唯一性，去掉重复的单词，并将单词存入向量中；

（3）利用 Voctor 类对象的功能，统计单词数。

```
1    import java.util.*;
2    class Example6_9 {
3         public static void main(String[] args)   {
4              StringTokenizer tk=new StringTokenizer("It is an example for obtaining
words. It uses
5              methods in Vector class.");
6              Vector vec=new Vector();        //定义向量
7              while(tk.hasMoreTokens())
8              {
9                   String str=new String(tk.nextToken()); //取单词
10                  if(!(vec.contains(str))) vec.add(str); //若向量中无此单词则写入
11             }
12             for(int i=0; i<vec.size(); i++)
13             System.out.print(vec.get(i)+" ");//输出各单词
14             System.out.println("\n 字符串中使用了"+vec.size()+"个单词");
15        }
16   }
```

运行结果：

```
It is an example for obtaining words uses methods in Vector class.
字符串中使用了 12 个单词
```

6.7 本章小结

本章主要介绍 JAVA 类库中的实用类，包括字符串处理类（String、StringBuilder、StringTokenizer）、数据转换类（所有包裹类 Interger、Float、Double 等）、日期处理类（Date、Calendar）、向量处理类（Vector）。

【习题6】

1. 编写一个截取字符串的函数，输入为一个字符串和字节数，输出为按字节截取的字符串。要保证汉字不被截半个，如"我 ABC"4，应该截为"我 AB"，输入"我 ABC 汉 DEF"，6，应该输出为"我 ABC"而不是"我 ABC+汉的半个"。

2. 使用 String 类的 public String toUpperCase() 方法可以将一个字符串中的小写字母变成大写字母；使用 public String toLowerCase() 方法可以将一个字符串中的大写字母变成小写字母。编写一个程序，使用这个两个方法实现大小写的转换。

3. 使用 String 类的 public String concat(String str) 方法可以把调用该方法的字符串与参数指定的字符串连接，把 str 指定的串连接到当前串的尾部获得一个新的串。编写一个程序通过连接两个串得到一个新串，并输出这个新串。

4. String 类的 public char charAt(int index) 方法可以得到当前字符串 index 位置上的一个字符。编写程序使用该方法得到一个字符串中的第一个和最后一个字符。

5. 输出某年某月的日历页，通过 main 方法的参数将年份和月份时间传递到程序中。

6. 计算某年、某月、某日和某年、某月、某日之间的天数间隔。要求年、月、日通过 main 方法的参数传递到程序中。

第 7 章　输入输出流

7.1　数据流的基本概念

7.1.1　理解数据流

JAVA 采用流处理程序的输出和输入。流一般分为输入流（Input Stream）和输出流（Output Stream）两类，但这种划分并不是绝对的。比如一个文件，当向其中写数据时，它就是一个输出流；当从其中读取数据时，它就是一个输入流。当然，键盘也是一个输入流，而屏幕则只是一个输出流。

7.1.2　JAVA 的标准数据流

标准输入输出指在字符方式下（如 DOS），程序与系统进行交互的方式，分为三种：

标准输入 System. in，对象是键盘；

标准输出 System.out，对象是屏幕；

标准错误输出 System.err，对象也是屏幕。

【例 7.1】　从键盘输入字符，再以整数和字符两种方式输出。

本例用 System.in.read(buffer)从键盘输入一行字符，存储在缓冲区 buffer 中，count 保存实际读入的字节个数，再以整数和字符两种方式输出 buffer 中的值。read 方法在 java.io 包中，而且会抛出 IOException 异常。

```
1    import java.io.*;
2    public class Example7_1{
3       public static void main(String args[]) throws IOException {
4           System.out.println("Input: ");
5           byte buffer[] = new byte[512];              //输入缓冲区
6           int count = System.in.read(buffer);       //读取标准输入流
7           System.out.println("Output: ");
8           for (int i=0;i<count;i++)                   //输出 buffer 元素值
9           {
10              System.out.print(" "+buffer[i]);
11          }
12          System.out.println();
13          for (int i=0;i<count;i++)                   //按字符方式输出 buffer
14          {
15              System.out.print((char) buffer[i]);
```

```
16              }
17              System.out.println("count = "+ count); //buffer 实际长度
18          }
19      }
```

程序中，main 方法采用 throws 子句抛出 IOException 异常交由系统处理。

7.1.2 JAVA.io 包中的数据流及文件类

1. 字节流

从 InputStream 和 OutputStream 派生出来的一系列类。这类流以字节(byte)为基本处理单位。

InputStream、OutputStream

FileInputStream、FileOutputStream

PipedInputStream、PipedOutputStream

ByteArrayInputStream、ByteArrayOutputStream

FilterInputStream、FilterOutputStream

DataInputStream、DataOutputStream

BufferedInputStream、BufferedOutputStream

2. 字符流

从 Reader 和 Writer 派生出的一系列类，这类流以 16 位的 Unicode 码表示的字符为基本处理单位。

Reader、Writer

InputStreamReader、OutputStreamWriter

FileReader、FileWriter

CharArrayReader、CharArrayWriter

PipedReader、PipedWriter

FilterReader、FilterWriter

BufferedReader、BufferedWriter

StringReader、StringWriter

7.2 采用字节流读写文件

InputStream 和 OutputStream

read()：从流中读入数据。

skip()：跳过流中若干字节数。

available()：返回流中可用字节数。

mark()：在流中标记一个位置。

reset()：返回标记过得位置。

markSupport()：是否支持标记和复位操作。

close()：关闭流。

int read()：从输入流中读一个字节，形成一个 0 ~ 255 之间的整数返回（是一个抽象方法）。

int read(byte b[])：读多个字节到数组中。

int read(byte b[], int off, int len)：从输入流中读取长度为 len 的数据，写入数组 b 中从索引 off 开始的位置，并返回读取得字节数。

write(int b)：将一个整数输出到流中（只输出低位字节，抽象）。

write(byte b[])：将字节数组中的数据输出到流中。

write(byte b[], int off, int len)：将数组 b 中从 off 指定的位置开始，长度为 len 的数据输出到流中。

flush()：刷空输出流，并将缓冲区中的数据强制送出。

close()：关闭流。

进行 I/O 操作时可能会产生 I/O 异常，属于非运行时异常，应该在程序中处理。如：型 FileNotFoundException, EOFException, IOException

【例 7.2】 打开文件。

本例采用 FileInputStream 的 read( )方法，每次从源程序文件 OpenFile.java 中读取 512 个字节，存储在缓冲区 buffer 中，再将以 buffer 中的值构造的字符串 new String(buffer) 显示在屏幕上。

```
1    import java.io.*;
2    public class Example7_2 {
3        public static void main(String args[]) throws IOException {
4            try
5            {   //创建文件输入流对象
6                FileInputStream    rf = new FileInputStream("OpenFile.java");
7                int n=512;
8                byte buffer[] = new byte[n];
9                while ((rf.read(buffer,0,n)!=-1 ） && (n>0))      //读取输入流
10               {
11                   System.out.print(new String(buffer));
12               }
13               System.out.println();
14               rf.close();                                //关闭输入流
15           }
16           catch (IOException ioe)
17           {
```

```
18                System.out.println(ioe);
19            }
20            catch (Exception e)
21            {
22                System.out.println(e);
23            }
24        }
25    }
```

【例 7.3】 写入文件。

本例用 System.in.read(buffer)从键盘输入一行字符，存储在缓冲区 buffer 中，再用 FileOutStream 的 write( )方法，将 buffer 中内容写入文件 Write1.txt 中。

```
1       import java.io.*;
2       public class Example7_3{
3          public static void main(String args[]) {
4             try
5             {
6                System.out.print("Input: ");
7                int count,n=512;
8                byte buffer[] = new byte[n];
9                count = System.in.read(buffer);          //读取标准输入流
10               FileOutputStream   wf = new FileOutputStream("Write1.txt");
11                                                        //创建文件输出流对象
12               wf.write(buffer,0,count);                //写入输出流
13               wf.close();                                  //关闭输出流
14               System.out.println("Save to Write1.txt!");
15            }
16            catch (IOException ioe)
17            {
18               System.out.println(ioe);
19            }
20            catch (Exception e)
21            {
22               System.out.println(e);
23            }
24         }
25   }
```

7.3 文件操作

7.3.1 File 类

JAVA 用 File 类实现对文件和文件夹的管理，File 类声明如下：

public class File ectends Object implements Serializable,Comparable

构造方法：

public File(String pathname)

public File(File patent,String chile)

public File(String patent,String child)

文件名的处理：

String getName( )；//得到一个文件的名称（不包括路径）

String getPath( )；//得到一个文件的路径名

String getAbsolutePath( )；//得到一个文件的绝对路径名

String getParent( )；//得到一个文件的上一级目录名

String renameTo(File newName); //将当前文件名更名为给定文件的完整路径

文件属性测试：

boolean exists( )；//测试当前 File 对象所指示的文件是否存在

boolean canWrite( )；//测试当前文件是否可写

boolean canRead( )；//测试当前文件是否可读

boolean isFile( )；//测试当前文件是否是文件（不是目录）

boolean isDirectory( )；//测试当前文件是否是目录

普通文件信息和工具：

long lastModified( ); //得到文件最近一次修改的时间

long length( ); //得到文件的长度，以字节为单位

boolean delete( ); //删除当前文件

目录操作：

boolean mkdir( ); //根据当前对象生成一个由该对象指定的路径

String list( ); //列出当前目录下的文件

【例 7.4】 备份当前目录下的文件。

本例使用 File 类对象对指定文件进行自动更新的操作。

```
1	import java.io.*;
2	import java.util.Date;
3	import java.text.SimpleDateFormat;
4	public class Example7_4 {
5	    public static void main(String args[]) throws IOException {
6	        String fname = "Write1.txt";          //待复制的文件名
```

```
7            String childdir = "backup";              //子目录名
8            new   Example7_4 ().update(fname,childdir);
9        }
10       public void update(String fname,String childdir) throws IOException   {
11           File f1,f2,child;
12           f1 = new File(fname);                         //当前目录中创建文件对象f1
13           child = new File(childdir);          //当前目录中创建文件对象child
14           if (f1.exists())
15           {
16               if (!child.exists())                   //child不存在时创建子目录
17                   child.mkdir();
18               f2 = new File(child,fname);     //在子目录child中创建文件f2
19               if (!f2.exists() ||                    //f2不存在时或存在但日期较早时
20                       f2.exists()&&(f1.lastModified() > f2.lastModified()))
21                   copy(f1,f2）;                            //复制文件
22               getinfo(f1）;
23               getinfo(child);
24           }
25           else
26               System.out.println(f1.getName()+" file not found!");
27       }
28       public void copy(File f1,File f2）  throws IOException
29       {                                                      //创建文件输入流对象
30           FileInputStream    rf = new FileInputStream(f1）;
31           FileOutputStream    wf = new FileOutputStream(f2）;
32                                                              //创建文件输出流对象
33           int count,n=512;
34           byte buffer[] = new byte[n];
35           count = rf.read(buffer,0,n);              //读取输入流
36           while (count != -1）
37           {
38               wf.write(buffer,0,count);       //写入输出流
39               count = rf.read(buffer,0,n);
40           }
41           System.out.println("CopyFile    "+f2.getName()+" !");
42           rf.close();                                    //关闭输入流
43           wf.close();                                    //关闭输出流
```

```
44    }
45        public static void getinfo(File f1 )  throws IOException
46        {
47            SimpleDateFormat sdf;
48            sdf= new SimpleDateFormat("yyyy年MM月dd日hh时mm分");
49            if (f1.isFile())
50                System.out.println("<File>\t"+f1.getAbsolutePath()+"\t"+
51                    f1.length()+"\t"+sdf.format(new Date(f1.lastModified())));
52            else
53            {
54                System.out.println("<Dir>\t"+f1.getAbsolutePath());
55                File[] files = f1.listFiles();
56                for (int i=0;i<files.length;i++)
57                    getinfo(files[i]);
58            }
59        }
60    }
```

f1.lastModified()返回一个表示日期的长整型，值为从 1970 年 1 月 1 日零时开始计算的毫秒数，并以此长整型构造一个日期对象，再按指定格式输出日期。

7.3.2 文件过滤器

类 FilterInputStream 和 FilterOutputStream 分别对其他输入/输出流进行特殊处理，它们在读/写数据的同时可以对数据进行特殊处理。另外还提供了同步机制，使得某一时刻只有一个线程可以访问一个输入/输出流

类 FilterInputStream 和 FilterOutputStream 分别重写了父类 InputStream 和 OutputStream 的所有方法，同时，它们的子类也应该重写它们的方法以满足特定的需要

要使用过滤流，首先必须把它连接到某个输入/输出流上，通常在构造方法的参数中指定所要连接的流：

```
FilterInputStream(InputStream in);
FilterOutputStream(OutputStream out);
```

这两个类是抽象类，构造方法也是保护方法

类 BufferedInputStream 和 BufferedOutputStream 实现了带缓冲的过滤流，它提供了缓冲机制，把任意的 I/O 流“捆绑”到缓冲流上，可以提高读写效率。

在初始化时，除了要指定所连接的 I/O 流之外，还可以指定缓冲区的大小。缺省大小的缓冲区适合于通常的情形；最优的缓冲区大小常依赖于主机操作系统、可使用的内存空间以及机器的配置等；一般缓冲区的大小为内存页或磁盘块等地整数倍，如 8912 字节或更小。

BufferedInputStream(InputStream in[, int size])

BufferedOutputStream(OutputStream out[, int size])

【例 7.5】 列出当前目录中带过滤器的文件名清单。

本例实现 FilenameFilter 接口中的 accept 方法，在当前目录中列出带过滤器的文件名。

```
1    import java.io.*;
2    public class DirFilter implements FilenameFilter {
3       private String prefix="",suffix="";                //文件名的前缀、后缀
4       public DirFilter(String filterstr)
5       {
6           filterstr = filterstr.toLowerCase();
7           int i = filterstr.indexOf('*');
8           int j = filterstr.indexOf('.');
9           if (i>0)
10              prefix = filterstr.substring(0,i);
11          if (j>0)
12              suffix = filterstr.substring(j+1）;
13      }
14      public static void main(String args[])
15      {   //创建带通配符的文件名过滤器对象
16          FilenameFilter filter = new DirFilter("w*abc.txt");
17          File f1 = new File("");
18          File curdir = new File(f1.getAbsolutePath(),"");    //当前目录
19          System.out.println(curdir.getAbsolutePath());
20          String[] str = curdir.list(filter);   //列出带过滤器的文件名清单
21          for (int i=0;i<str.length;i++)
22              System.out.println("\t"+str[i]);
23      }
24      public boolean accept(File dir, String filename)
25      {
26          boolean yes = true;
27          try
28          {
29              filename = filename.toLowerCase();
30              yes = (filename.startsWith(prefix)) &
31                    (filename.endsWith(suffix));
32          }
33          catch(NullPointerException e)
```

```
34            {
35            }
36            return yes;
37        }
38    }
```

程序运行时，列出当前目录中符合过滤条件“w*.txt“的文件名清单。结果如下：

```
D:\myjava
Write1.txt
Write2.txt
```

7.4 随机文件的操作

7.4.1 随机文件操作

对于 InputStream 和 OutputStream 来说，它们的实例都是顺序访问流，也就是说，只能对文件进行顺序地读/写。随机访问文件则允许对文件内容进行随机读/写。在 java 中，类 RandomAccessFile 提供了随机访问文件的方法。类 RandomAccessFile 的声明为：public class RandomAccessFile extends Object implements DataInput, DataOutput

File：以文件路径名的形式代表一个文件。

FileDescriptor：代表一个打开文件的文件描述。

FileFilter & FilenameFilter：用于列出满足条件的文件。

File.list(FilenameFilter fnf)。

File.listFiles(FileFilter ff)。

FileDialog.setFilenameFilter(FilenameFilter fnf)。

FileInputStream & FileReader：顺序读文件。

FileOutputStream & FileWriter：顺序写文件。

RandomAccessFile：提供对文件的随机访问支持。

类 RandomAccessFile 则允许对文件内容同时完成读和写操作，它直接继承 Object，并且同时实现了接口 DataInput 和 DataOutput，提供了支持随机文件操作的方法：

DataInput 和 DataOutput 中的方法。

readInt(), writeDouble()…

int skipBytes(int n)：将指针乡下移动若干字节。

length()：返回文件长度。

long getFilePointer()：返回指针当前位置。

void seek(long pos)：将指针调到所需位置。

void setLength(long newLength)：设定文件长度。

构造方法：

RandomAccessFile(File file, String mode)

RandomAccessFile(String name, String mode)

mode 的取值：

“r”只读。任何写操作都将抛出 IOException。

“rw”读写。文件不存在时会创建该文件，文件存在时，原文件内容不变，通过写操作改变文件内容。

“rws”同步读写。等同于读写，但是任何协操作的内容都被直接写入物理文件，包括文件内容和文件属性。

“rwd”数据同步读写。等同于读写，但任何内容写操作都直接写到物理文件，对文件属性内容的修改不是这样。

【例 7.6】 随机文件操作。

本例对一个二进制整数文件实现访问操作当以可读写方式“rw“打开一个文件”prinmes.bin“时，如果文件不存在，将创建一个新文件。先将 2 作为最小素数写入文件，再依次测试 100 以内的奇数，将每次产生一个素数写入文件尾。

程序如下：

```
1   import java.io.*;
2   class PrimesFile{
3       RandomAccessFile raf;
4       public void createprime(int max) throws IOException
5       {
6           raf=new RandomAccessFile("primes.bin","rw");//创建文件对象
7           raf.seek(0);                                //文件指针为 0
8           raf.writeInt（2）;                           //写入整型
9           int k=3;
10          while (k<=max)
11          {
12              if (isPrime(k))
13                  raf.writeInt(k);
14              k = k+2;
15          }
16          output(max);
17          raf.close();                                //关闭文件
18      }
19      public boolean isPrime(int k) throws IOException
20      {
21          int i=0,j;
22          boolean yes = true;
```

```
23            try
24            {
25                raf.seek(0);
26                int count = (int)(raf.length()/4）;      //返回文件字节长度
27                while ((i<=count) && yes)
28                {
29                    if (k % raf.readInt()==0)        //读取整型
30                        yes = false;
31                    else
32                        i++;
33                    raf.seek(i*4）;                   //移动文件指针
34                }
35            } catch(EOFException e)   { }             //捕获到达文件尾异常
36            return yes;
37        }
38        public void output(int max) throws IOException
39        {
40            try
41            {
42                raf.seek(0);
43               System.out.println("[2.."+max+"]中有 "+
44                                          (raf.length()/4）+" 个素数:");
45                for (int i=0;i<(int)(raf.length()/4）;i++)
46                {
47                    raf.seek(i*4）;
48                    System.out.print(raf.readInt()+"    ");
49                    if ((i+1）%10==0) System.out.println();
50                }
51            } catch(EOFException e)   { }
52            System.out.println();
53        }
54    }
55
56    public class Example7_6
57    {
58        public static void main(String args[]) throws IOException
59        {
```

```
60              PrimesFile pf=new PrimesFile();
61              pf.createprime（100);
62          }
63      }
```

程序运行时创建文件“primes.bin”，并将素数写入其中，结果如下：

```
[2..100]中有 25 个素数:
2  3  5  7  11  13  17  19  23  29
31  37  41  43  47  53  59  61  67  71
73  79  83  89  97
```

7.5　字符流（Reader 类和 Writer 类）

前面说过，在 JDK1.1 之前，java.io 包中的流只有普通的字节流（以 byte 为基本处理单位的流），这种流对于以 16 位的 Unicode 码表示的字符流处理很不方便。从 JDK1.1 开始， java.io 包中加入了专门用于字符流处理的类，它们是以 Reader 和 Writer 为基础派生的一系列类。

同类 InputStream 和 OutputStream 一样，Reader 和 Writer 也是抽象类，只提供了一系列用于字符流处理的接口。它们的方法与类 InputStream 和 OutputStream 类似，只不过其中的参数换成字符或字符数组。

1. Reader 类

```
void close()
void mark(int readAheadLimit)
boolean markSupported()
int read()
int read(char[] cbuf)
int read(char[] cbuf, int off, int len)
boolean ready()
void reset()
long skip(long n)
```

2. Writer 类

```
void close()
void flush()
void write(char[] cbuf)
void write(char[] cbuf, int off, int len)
void write(int c)
```

void write(String str)

void write(String str, int off, int len)

【例 7.7】 文件编辑器。

本例实现文件编辑器中的打开、保存文件功能。

```
1       import java.awt.*;
2       import java.awt.event.*;
3       import java.io.*;
4       public class Example7_7 extends WindowAdapter implements ActionListener,
TextListener {
5           Frame f;
6           TextArea ta1;
7           Panel p1;
8           TextField tf1;
9           Button b1,b2,b3;
10          FileDialog fd;
11          File file1 = null;
12          public static void main(String args[])
13          {
14              (new Example7_7 ()).display();
15          }
16          public void display()
17          {
18              f = new Frame("EditFile");
19              f.setSize（680,400);
20              f.setLocation（200,140);
21              f.setBackground(Color.lightGray);
22              f.addWindowListener(this);
23              tf1 = new TextField();
24              tf1.setEnabled(false);
25              tf1.setFont(new Font("Dialog",0,20));   //设置文本行的初始字体
26              f.add(tf1,"North");
27              ta1 = new TextArea();
28              ta1.setFont(new Font("Dialog",0,20));   //设置文本区的初始字体
29              f.add(ta1）;
30              ta1.addTextListener(this);                //注册文本区的事件监听程序
31              p1 = new Panel();
32              p1.setLayout(new FlowLayout(FlowLayout.LEFT));
```

```
33              b1 = new Button("Open");
34              b2 = new Button("Save");
35              b3 = new Button("Save As");
36              p1.add(b1）;
37              p1.add(b2）;
38              p1.add(b3）;
39              b2.setEnabled(false);
40              b3.setEnabled(false);
41              b1.addActionListener(this);              //注册按钮的事件监听程序
42              b2.addActionListener(this);
43              b3.addActionListener(this);
44              f.add(p1,"South");
45              f.setVisible(true);
46          }
47          public void textValueChanged(TextEvent e)
48          {    //实现 TextListener 接口中的方法，对文本区操作时触发
49              b2.setEnabled(true);
50              b3.setEnabled(true);
51          }
52          public void actionPerformed(ActionEvent e)
53          {
54              if (e.getSource()==b1）                   //单击[打开]按钮时
55              {
56                  fd = new FileDialog(f,"Open",FileDialog.LOAD);
57                  fd.setVisible(true);                //创建并显示打开文件对话框
58                  if ((fd.getDirectory()!=null) && (fd.getFile()!=null))
59                  {
60                      tf1.setText(fd.getDirectory()+fd.getFile());
61                      try                             //以缓冲区方式读取文件内容
62                      {
63                          file1 = new File(fd.getDirectory(),fd.getFile());
64                          FileReader fr = new FileReader(file1）;
65                          BufferedReader br = new BufferedReader(fr);
66                          String aline;
67                          while ((aline=br.readLine()) != null)//按行读取文本
68                              ta1.append(aline+"\r\n");
69                          fr.close();
```

```
70                  br.close();
71              }
72              catch (IOException ioe)
73              {
74                  System.out.println(ioe);
75              }
76          }
77      }
78      if ((e.getSource()==b2）  ||(e.getSource()==b3））
79      {                                               //单击[保存]按钮时
80          if ((e.getSource()==b3）  ||(e.getSource()==b2）&&(file1==null))
81          {   //单击[SaveAs]按钮时,或单击[Save]按钮且文件对象为空时
82              fd = new FileDialog(f,"Save",FileDialog.SAVE);
83              if (file1==null)
84                  fd.setFile("Edit1.txt");
85              else
86                  fd.setFile(file1.getName());
87              fd.setVisible(true);            //创建并显示保存文件对话框
88
89              if ((fd.getDirectory()!=null) && (fd.getFile()!=null))
90              {
91                  tf1.setText(fd.getDirectory()+fd.getFile());
92                  file1 = new File(fd.getDirectory(),fd.getFile());
93                  save(file1）;
94              }
95          }
96          else
97              save(file1）;
98      }
99  }
100 public void save(File file1）
101 {
102     try                                     //将文本区内容写入字符输出流
103     {
104         FileWriter   fw = new FileWriter(file1）;
105         fw.write(ta1.getText());
106         fw.close();
```

```
107                     b2.setEnabled(false);
108                     b3.setEnabled(false);
109                }
110                catch (IOException ioe)
111                {
112                     System.out.println(ioe);
113                }
114           }
115           public void windowClosing(WindowEvent e)
116           {
117                System.exit(0);
118           }
119  }
```

7.6 本章小结

本章主要介绍JAVA中的文件读写方法。内容包括数据流的概念、采用File类操作文件和文件夹、文件的读写方式、采用InputStream和OutputStream以字节方式读写文件内容、采用Reader类和Writer类以字符方式读写文件、随机文件的读写。

【习题7】

1. java的输入输出流包括__________、字符流、文件流、对象流以及多线程之间通信的管道。

2. java中的非字符输出流都是__________抽象类的子类。

3. java对I/O访问还提供了同步处理机制,保证某时刻只有一个线程访问一个I/O流,这就是___________。

4. java中的字符输出流都是抽象类__________的子类。

5. DataOutputStream数据流向文件里写数据的方法为__________。

6. RandomAccessFile所实现的接口是__________和DataOutput接口。

7. 文件类__________是java.io中的一个重要的非流类,里面封装了对文件系统进行操作的功能。

8. 文件操作中经常需要的是随机访问,java中的__________类提供了随机访问文件的功能。

第 8 章　Swing 图形用户界面

8.1　JAVA Swing 概述

用户通过图形用户界面（Graphical User Interface，GUI），可以和程序之间方便地进行交互。

JAVA 的 java.awt (Abstract Window Toolkit) 包中包括了多种类和接口，用于在 JAVA Application 中进行 GUI 编程。JAVA 早期进行用户界面设计时，主要使用 java.awt 包提供的类，如 Button（按钮）、TextField（文本框）、List（列表）等。JDK1.2 推出之后，增加了一个新的 javax.swing 包，该包提供了功能更为强大的用来设计 GUI 的类。

JAVA Swing 是 JAVA Foundation Classes（JFC）的一部分，是一个用于开发 JAVA 应用程序用户界面的开发工具包。在 Swing 中，Sun 开发了一个经过仔细设计的、灵活而强大的 GUI 工具包。JFC（JAVA Foundation Classes）是指 Sun 对早期的 JDK 进行扩展的部分，集合了 Swing 组件和其他简化开发的 API 类，包括 Swing，JAVA2D, accessibility，internationalization。

它以抽象窗口工具包（AWT）为基础，使跨平台应用程序可以使用任何可插拔的外观风格。Swing 开发人员只用很少的代码就可以利用 Swing 丰富、灵活的功能和模块化组件来创建优雅的用户界面。

（1）Swing 是第二代 GUI 开发工具集；

（2）AWT 采用了与特定平台相关的实现，而绝大多数 Swing 组件却不是；

（3）Swing 是构筑在 AWT 上层的一组 GUI 组件的集合，为保证可移植性，它完全用 JAVA 语言编写；

（4）和 AWT 相比，Swing 提供了更完整的组件(放置在 javax.swing 包下)，引入了许多新的特性和能力；

（5）Swing 增强了 AWT 中组件的功能，这引起增强的组件命名通常是在 AWT 组件名前增加了一个 “J” 字母；同时也提供了更多的组件库，如：JTable、JTree、JComboBox 等。

所有的 Swing 组件，位于 javax.swing 包中，它们是构筑在 AWT 上层的 GUI 组件，Swing 组件是 JComponent 类的子类，JComponent 又是 java.awt.Container 的子类，如图 8.1 所示。

一个 JAVA GUI 通常由顶层容器、中间容器以及多个原子组件组成。每个原子组件或容器都可能触发相应事件。容器是容纳其他组件的特殊组件。Swing 的 GUI 组件类是按照类属层次以树状结构进行组织的。在这个树的最顶层，即树的根部，是一个最基本的容器类，称为顶层容器。Swing 提供了三个通用的顶层容器类 JFrame，JDialog 和 JApplet。JFrame 提供了基于窗体的应用程序，JDialog 提供对话框形式的界面，JApplet 提供 JAVA

小应用程序的界面形式。在顶层容器下是中间容器，用于容纳其他的组件。通常窗格本身在显示界面中是看不到的。面板类 Panel 是一种中间容器，它的唯一作用是使组件更容易定位。顶层容器通过 getContentPane()方法获取内部的一个内容窗格。

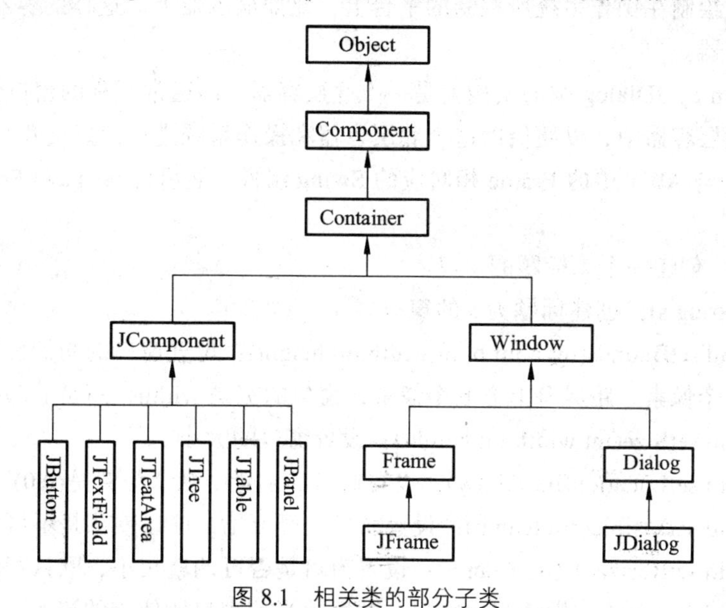

图 8.1　相关类的部分子类

1. Swing 包的组成

Javax.swing：基本 Swing 包，包括 Swing 容器、组件及相关设置的类和接口。

Javax.swing.border：包括与边界设计相关的类和接口。

Javax.swing.colorchooser：与颜色选择相关的类和接口。

Javax.swing.event：包括事件处理相关的类和接口。

Javax.swing.filechooser：包括对文件进行查看选取的相关类。

Javax.swing.plaf：包括一些对外观样式操作的类和接口。

javax.swing.tree：包括对树形组件进行操作的类和接口。

2. 常用 Swing 组件

按钮：JButton。

单选按钮：JRadioButton。

复选框：JCheckBox。

文本区：JTextArea。

文本字段：JTextField。

列表：JList。

组合框：JComboBox。

树：JTree。

表格：JTable。

后三个相对于 AWT 是新增的。

8.2 JFrame

一个基于 GUI 的应用程序应当提供一个能和操作系统直接交互的容器，该容器可以被直接显示、绘制在操作系统所控制的平台上，比如显示器上，这样的容器被称做 GUI 设计的底层容器。

例如 JFrame、JDialog 类的实例就是一个底层容器，即通常所称的窗口。其他组件必须被添加到底层容器中，以便借助这个底层容器和操作系统进行信息交互。

JFrame 是与 AWT 中的 Frame 相对应的 Swing 组件，继承自 java.awt.Frame 类，功能也相当。

JFrame()：创建一个无标题的窗口。

JFrame(String s)：创建标题为 s 的窗口。

public void setBounds(int a,int b,int width,int height)：设置窗口的初始位置是(a,b)，即距屏幕左面 a 个像素、距屏幕上方 b 个像素；窗口的宽是 width，高是 height。

public void setSize(int width,int height)：设置窗口的大小。

public void setLocation(int x,int y)：设置窗口的位置，默认位置是(0,0)。

public void setVisible(boolean b)：设置窗口是否可见，窗口默认是不可见的。

public void setResizable(boolean b)：设置窗口是否可调整大小，默认可调整大小。

public void dispose()：撤消当前窗口，并释放当前窗口所使用的资源。

public void setExtendedState(int state)：设置窗口的扩展状态。

public void setDefaultCloseOperation(int operation)：该方法用来设置单击窗体右上角的关闭图标后，程序会做出怎样的处理。

当用户点击 JFrame 的关闭按钮时，JFrame 会自动隐藏，但没有关闭，可以在 windowClosing 事件中关闭。但更常用的方式是调用 JFrame 的方法来关闭。

setDefaultCloseOperation(WindowConstants.EXIT_ON_CLOSE);

【例 8.1】 使用 JFrame 来创建程序的主框架窗口

```
1    import javax.swing.*;
2    import java.awt.*;
3    public class Example8_1 {
4            public static void main(String args[]) {
5                JFrame window1 = new JFrame("第一个窗口");
6                JFrame window2 = new JFrame("第二个窗口");
7                Container con = window1.getContentPane();
8                con.setBackground(Color.yellow) ;   //设置窗口的背景色
9                window1.setBounds（60,100,188,108）; //设置窗口在屏幕上的位置及大小与
10               //下面两个语句效果是一样的
11               // window1.setLocation（60,100);//设置窗体显示位置，默认 0，0
12               // window1.setSize（188, 108）;//设置窗体大小
```

```
13            window2.setBounds（260,100,188,108）;
14            window1.setVisible(true);
15            //释放当前窗口
16            window1.setDefaultCloseOperation(JFrame.DISPOSE_ON_CLOSE);
17            window2.setVisible(true);
18            //退出程序
19            window2.setDefaultCloseOperation(JFrame.EXIT_ON_CLOSE);
20        }
21    }
```

运行结果，如图 8.2 所示。

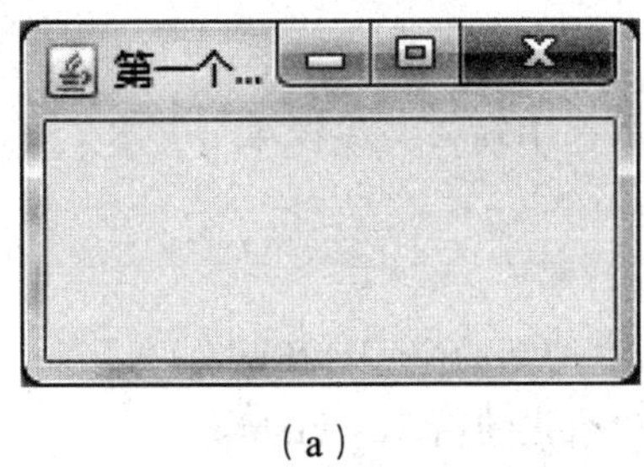

（a）

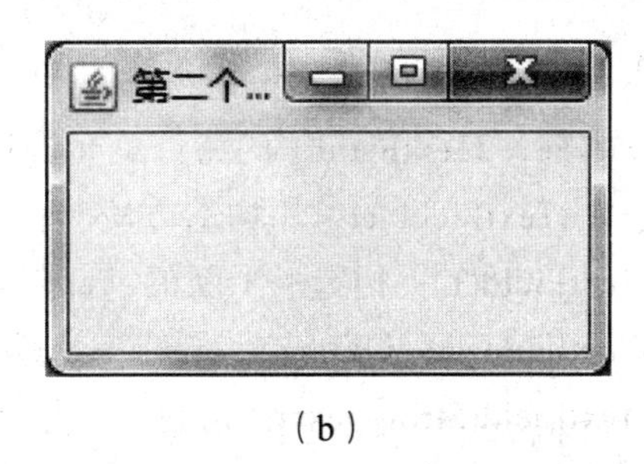

（b）

图 8.2　例子 8.1 的运行结果

8.3　常用组件、容器及布局

8.3.1　常用组件

1. 标签

标签（JLabel）只能用来给用户显示提示信息，没有编辑功能，也不能触发 ActionEven 事件。

（1）构造方法：

JLabel()：创建无图像并且其标题为空字符串的 JLabel。

JLabel(Icon image)：创建具有指定图像的 JLabel 实例。

JLabel(Icon image, int horizontalAlignment)：创建具有指定图像和水平对齐方式的 JLabel 实例。

JLabel(String text)：创建具有指定文本的 JLabel 实例。

JLabel(String text, Icon icon, int horizontalAlignment)：创建具有指定文本、图像和水平对齐方式的 JLabel 实例。

JLabel(String text, int horizontalAlignment)：创建具有指定文本和水平对齐方式的 JLabel 实例。

（2）常用方法：

getHorizontalAlignment()：返回标签内容沿 X 轴的对齐方式。

getHorizontalTextPosition()：返回标签的文本相对其图像的水平位置。

getIcon()：返回该标签显示的图形图像（字形、图标）。

getText()：返回该标签所显示的文本字符串。

setHorizontalAlignment(int alignment)：设置标签内容沿 X 轴的对齐方式。

setHorizontalTextPosition(int textPosition)：设置标签的文本相对其图像的水平位置。

setIcon(Icon icon)：定义此组件将要显示的图标。

setText(String text)：定义此组件将要显示的单行文本。

setUI(LabelUI ui)：设置呈现此组件的 L&F 对象。

setVerticalAlignment(int alignment)：设置标签内容沿 Y 轴的对齐方式。

setVerticalTextPosition(int textPosition)：设置标签的文本相对其图像的垂直位置。

2. 文本框

文本框（JTextField）的特点是允许用户在文本框中输入、编辑单行文本。

（1）JTextField 的常用构造方法:

JTextField() ：构造一个新的 TextField。

JTextField(int columns)：构造一个具有指定列数的新的空 TextField。

JTextField(String text)：构造一个用指定文本初始化的新 TextField。

JTextField(String text, int columns)：构造一个用指定文本和列初始化的新 TextField。

（2）JTextField 的常用方法:

SetText(string)：设置文本域中的文本值

GetText()：返回文本域中的输入文本值

getColumns()：返回文本域的列数

setEditable(Boolean)：设置文本域是否为只读状态

3. 文本区域

文本区域（JTextArea）一个显示纯文本的多行区域，允许用户可以输入多行文本。

（1）JTextArea 的构造方法：

public JTextArea()：文本区域的可见列数、行数取默认值。

public JTextArea(String s)

public JTextArea(int rows, int columns)：指定可见列数和行数。

public JTextArea(String text, int rows, int columns)。

（2）JTextArea 的常用方法：

public void append(String str)：将给定文本追加到文本区末尾。

public void insert(String str,int x)　将给定文本追加到执行 x 处。x 为从文本区开始到当前位置所含的字符个数，x 不能大于文本区中字符的个数。

public void replaceRange(String str, int start, int end)：用指定替换文本替换指定开始位置与结束位置之间的文本。

public int getCaretPosition()：返回文本插入符的位置。

public int setCaretPosition()

public void selectAll()：选中全部文本。

public String getSelectedText()：返回此文本组件所表示文本的选定文本。

public Color getSelectedTextColor()

public Color getSelectionColor()

public int getSelectionStart()

public int getSelectionEnd()

public void setEditable(boolean b)：设置此文本组件是否可编辑。

public void setLineWrap(boolean b)：输入的文本能否在文本区的右边界自动换行。

public void copy()：将选中的内容复制到系统的剪贴板。

public void cut()

public void paste()：如果有选中的内容，那么剪贴板的内容将覆盖所选中的内容，否则，在光标处插入剪贴板中的内容。

4. 密码框

密码框（JPasswordField）是允许用户在密码框中输入单行密码的文本框，密码框默认回显字符是“*”。如果需要修改，可以调用 public void setEchoChar(char c)方法重新设置回显字符。

（1）JPasswordField 的常用构造方法:

JPasswordField()：构造一个新 JPasswordField，使其具有默认文档、为 null 的开始文本字符串和为 0 的列宽度。

JPasswordField(Document doc, String txt, int columns)：构造一个使用给定文本存储模型和给定列数的新 JPasswordField。

JPasswordField(int columns)：构造一个具有指定列数的新的空 JPasswordField。

JPasswordField(String text)：构造一个利用指定文本初始化的新 JPasswordField。

JPasswordField(String text, int columns)：构造一个利用指定文本和列初始化的新 JPasswordField。

（2）JPasswordField 的常用方法:

boolean echoCharIsSet()：如果此 JPasswordField 具有为回显设置的字符，则返回 true。

char getEchoChar()：返回要用于回显的字符。

char[] getPassword()：返回此 TextComponent 中所包含的文本。

protected String paramString()：返回此 JPasswordField 的字符串表示形式。

void setEchoChar(char c)：设置此 JPasswordField 的回显字符。

5. 按钮

按钮（JButton）允许用户单击按钮。

（1）JButton 常用构造方法：

JButton()：建立一个按钮。

JButton(Icon icon)：建立一个有图像的按钮。

JButton(String icon)：建立一个有文字的按钮。

JButton(String text,Icon icon):建立一个有图像与文字的按钮。

（2）JButton 中常用方法：

setText(String text)：设置按钮的文本。

setActionCommand(String actionCommand)：设置此按钮的动作命令。

setEnabled(boolean b)：启用（或禁用）按钮。

setIcon(Icon defaultIcon)：设置按钮的默认图标。

setPressedIcon(Icon pressedIcon)：设置按钮的按下图标。

addActionListener(ActionListener l)：将一个 ActionListener 添加到按钮中。

getActionCommand()：返回此按钮的动作命令。

getIcon()：返回默认图标。

getText()：返回按钮的文本。

6. JCheckBox 复选框

复选框（JCheckBox）提供两种状态，选中和未选中状态，单机组件切换状态。

（1）JCheckBox 常用构造方法：

public JCheckBox()：创建一个没有名字的复选框。

public JCheckBox(String text)：创建一个名字是 text 的复选框。

public JCheckBox(Icon icon)：创建一个带有默认图标 icon，但没有名字的复选框。有名字的复选框。

public JCheckBox(String text, Icon icon)：创建一个带有默认图标和名字 text 的复选框。

（2）JCheckBox 中常用方法：

public void setIcon(Icon defaultIcon)：设置复选框上的默认图标。

public void setSelectedIcon(Icon selectedIcon)：设置复选框选中状态下的图标。

public boolean isSelected()：如果复选框处于选中状态该方法返回 true，否则返回 false。

7. JRadioButton 单选框

单选按钮（JRadioButton）组件实现一个单选按钮,用户可以很方便地查看单选按钮的状态。

（1）JRadioButton 常用构造方法：

JRadioButton()：建立一个新的 JRadioButton。

JRadioButton(Icon icon)：建立一个有图像但没有文字的 JRadioButton。

JRadioButton(Icon icon,boolean selected)：建立一个有图像但没有文字的 JRadioButton,且设置其初始状态(有无被选取)。

JRadioButton(String text)：建立一个有文字的 JRadioButton。

JRadioButton(String text,boolean selected)：建立一个有文字的 JRadioButton,且设置其

初始状态（有无被选取）。

JRadioButton(String text,Icon icon)：建立一个有文字且有图像的 JRadioButton,初始状态为无被选取。

JRadioButton(String text,Icon icon,boolean selected)：建立一个有文字且有图像的 JRadioButton，且设置其初始状态(有无被选取)。

（2）JRadioButton 中常用方法：

Add(AbstractButton b)：添加按钮到按钮组中。

remove(AbstractButton b)：从按钮组中移除按钮。

getButtonCount()：返回按钮组中按钮的个数，返回值为 int 型。

8. JComboBox 下拉列表

下拉列表（JComboBox）类是一个组件,它提供了下拉单项选择。

（1）构造方法：

JComboBox()：创建具有默认数据模型的 JComboBox。

JComboBox(ComboBoxModel aModel)：创建一个 JComboBox，其项取自现有的 ComboBoxModel 中。

JComboBox(Object[] items)：创建包含指定数组中的元素的 JComboBox。

（2）常用方法

addActionListener(ActionListener l)：添加 ActionListener。

addItem(Object anObject)：为项列表添加项。

addItemListener(ItemListener aListener)：添加 ItemListener。

getItemAt(int index)：返回指定索引处的列表项。

getItemCount()：返回列表中的项数。

getSelectedIndex()：返回列表中与给定项匹配的第一个选项。

getSelectedItem()：返回当前所选项。

isEditable()：如果 JComboBox 可编辑，则返回 true。

removeAllItems()：从项列表中移除所有项。

removeItem(Object anObject)：从项列表中移除项。

setSelectedIndex(int anIndex)：选择索引 anIndex 处的项。

【例 8.2】 一个带有多种组件的窗口

```
1    import java.awt.*;
2    import javax.swing.*;
3
4    class ComponentInWindow extends JFrame {
5        JTextField text;
6        JButton button;
7        JCheckBox checkBox1,checkBox2,checkBox3;
```

```
8       JRadioButton radio1,radio2;
9       ButtonGroup group;
10      JComboBox comBox;
11      JTextArea area;
12
13      public ComponentInWindow() {
14          init();
15          setVisible(true);
16          setDefaultCloseOperation(JFrame.EXIT_ON_CLOSE);
17      }
18
19      void init() {
20          setLayout(new FlowLayout());
21          setTitle("组件窗口");
22          setBounds（100,100,250,300);
23          JLabel biaoqian= new JLabel("文本框:");     //标签
24          add(biaoqian);
25          text = new JTextField（10）;                //文本框
26          add(text);
27          button = new JButton("确定");               //按钮
28          add(button);
29          checkBox1 = new JCheckBox("喜欢三角形");   //选择框
30          checkBox2 = new JCheckBox("喜欢矩形");
31          checkBox3 = new JCheckBox("喜欢圆形");
32          add(checkBox1）;
33          add(checkBox2）;
34          add(checkBox3）;
35          group = new ButtonGroup();
36          radio1 = new JRadioButton("方");          //单选按钮
37          radio2 = new JRadioButton("圆");
38          group.add(radio1）;
39          group.add(radio2）;
40          add(radio1）;
41          add(radio2）;
42          comBox = new JComboBox();         //下拉列表
43          comBox.addItem("三角形天地");
44          comBox.addItem("矩形天地");
```

```
45            comBox.addItem("圆的天地");
46            add(comBox);
47            area = new JTextArea（6,12）;              //文本区
48            add(new JScrollPane(area));
49        }
50    }
51
52    public class Example8_2 {
53        public static void main(String args[]) {
54            ComponentInWindow win = new ComponentInWindow();
55        }
```

运行结果，如图 8.3 所示。

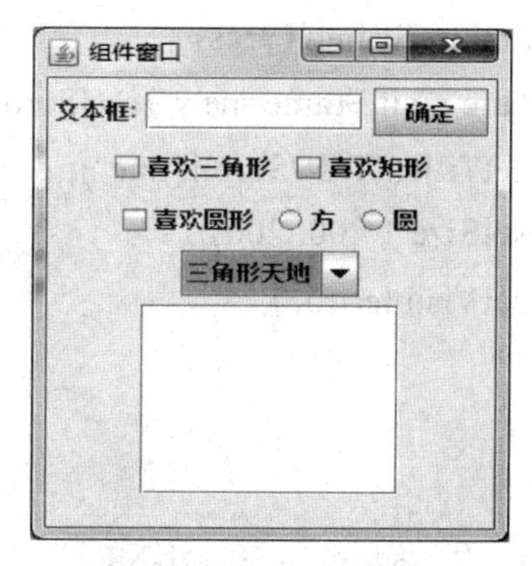

图 8.3　组件窗口

8.3.2　常用容器

1. JPanel 面板

经常使用 JPanel 创建一个面板，再向这个面板添加组件，然后把这个面板添加到其他容器中，起到组合布局的作用。

JPanel 的默认布局是 FlowLayout 布局。

2. 滚动窗格 JScrollPane

滚动窗格只可以添加一个组件，可以把一个组件放到一个滚动窗格中，然后通过滚动条来观察该组件。例如 JTextArea 没有自带滚动条，需要时把广西区放到一个滚动窗格中：

JScrollPane scroll=new JScrollPane(new JTextArea());

【例 8.3】　带滚动窗格的窗口

```
1    import javax.swing.JFrame;
2    import javax.swing.JScrollPane;
```

```
3    import javax.swing.JTextArea;
4
5    class TestJScrollPane extends JFrame {
6        public TestJScrollPane(){
7            this.setDefaultCloseOperation(JFrame.EXIT_ON_CLOSE);
8            JTextArea ta=new JTextArea（300,50);

9            JScrollPane sp=new JScrollPane();
10           sp.getViewport().add(ta);
11           this.getContentPane().add(sp);
12       }
13   }
14   public class Example8_3{
15       public static void main(String[] args) {
16           TestJScrollPane mainFrame=new TestJScrollPane();
17           mainFrame.setTitle("TestJScrollPane");
18           mainFrame.setSize（200, 200);
19           mainFrame.setVisible(true);
20       }
21   }
```

运行结果，如图 8.4 所示。

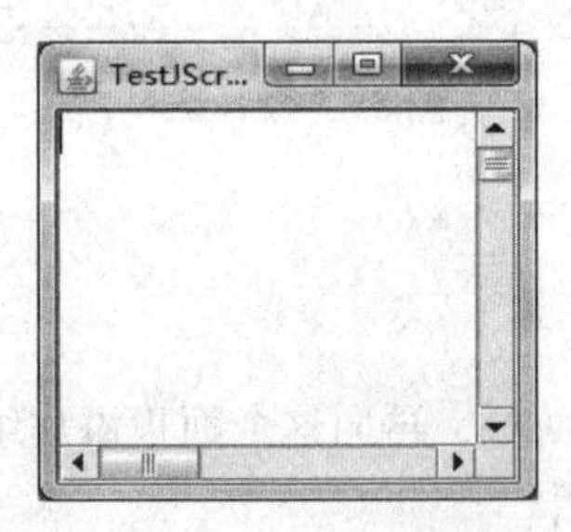

图 8.4　滚动空格

3. 拆分窗格 JSplitPane

Split Pane(拆分窗格)一次可将两个组件同时显示在两个显示区上，若你想要同时在多个显示区显示组件，你便必须同时使用多个 Split Pane。JSplitPane 提供两个常数区分水平分割或垂直分割。这两个常数分别是：HORIZONTAL_SPIT，VERTICAL_SPLIT。

4. 分层窗格 JLayeredPane

如果添加到容器中的组件经常需要处理重叠问题，就可以考虑将组件添加到分层窗格。分层窗格分为 5 个层（见图 8.5），分层窗格使用：

add(JComponent com, int layer)

layer 取值 JLayeredPane 类中的常量值：

DEFAULT_LAYER：大多数组件位于的标准层，这是最底层。

PALETTE_LAYER：调色板层位于默认层之上。它们对于浮动工具栏和调色板很有用，因此可以位于其他组件之上。

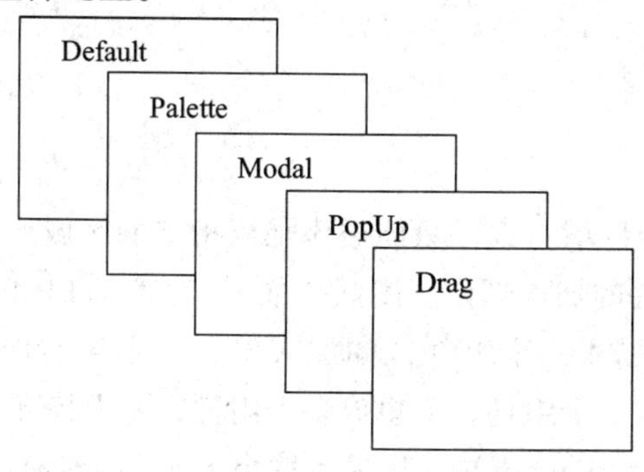

图 8.5　分层窗格

MODAL_LAYER：该层用于模式对话框。它们将出现在容器中所有工具栏、调色板或标准组件的上面。

POPUP_LAYER：弹出层显示在对话框的上面。这样，与组合框、工具提示和其他帮助文本关联的弹出式窗口将出现在组件、调色板或生成它们的对话框之上。

DRAG_LAYER：拖动一个组件时，将该组件重分配到拖动层可确保将其定位在容器中的其他所有组件之上。完成拖动后，可将该组件重分配到其正常层。

可以使用 JLayeredPane 的方法 moveToFront(Component)、moveToBack(Component) 和 setPosition 在组件所在层中对其进行重定位。还可以使用 setLayer 方法更改该组件的当前层。

8.4　布局

当把组件添加到容器中时，希望控制组件在容器中的位置，这就需要用到布局管理器。

下面介绍 java.awt 包中 BorderLayout、FlowLayout、GridLayout、CardLayout 等和 javax.swing.border 包中的 BoxLayout 类。

8.4.1　FlowLayout

FlowLayout 是 JPanel 默认的布局管理器。

FlowLayout 布局对组件逐行定位，容器中的组件从左到右，从上到下依次排列。

不改变组件的大小，按组件原有尺寸显示组件，可在构造方法中设置不同的组件间距、行距及对齐方式。组件之间默认的水平和垂直间距为 5 个像素。FlawLayout 布局默认对齐方式为居中对齐。组件的大小为默认的最佳大小，按钮的大小刚好能保证显示其上面的名字，此时调用组件的 setSize(int x,int y)方法无效，如果需要改变最佳大小设置，需调用组件的 setPreferredSize(Dimension preferredSize)设置大小。

例 8.2 就是使用 FlowLayout 布局。

8.4.2 BorderLayout

BorderLayout 是 Window 型容器的默认布局。

（1）BorderLayout 将整个容器的布局划分成：

东（EAST）;

西（WEST）;

南（SOUTH）;

北（NORTH）;

中（CENTER）五个区域，组件只能被添加到指定的区域。

（2）如果不指定组件的加入部位，则默认加入到 CENTER 区域。

（3）每个区域只能加入一个组件，如加入多个，则先前加入的组件会被覆盖，即 BorderLayout 最多只能放 5 个组件，要想放多个组件，要先将部分组件放在 Panel 中，然后再把 Panel 添加到 BorderLayout 中。如果组件小于 5 个，没有放置组件的地方，将被相邻的组件占用。

（4）BorderLayout 型布局容器尺寸缩放原则：

北、南两个区域只能在水平方向缩放；

东、西两个区域只能在垂直方向缩放；

中部可在两个方向上缩放。

8.4.3 GridLayout

（1）GridLayout 布局管理器将布局划分成规则的矩形网格，每个单元格区域大小相等。组件被添加到每个单元格中，先从左到右添满一行后换行，再从上到下添加.

（2）在 GridLayout 构造方法中指定分割的行数和列数，如：new GridLayout（3,3）。

【例 8.4】 模拟一个国际象棋棋盘

```
1   import javax.swing.*;
2   import java.awt.*;
3
4   public class Example8_4 {
5       public static void main(String args[]) {
6           mainFrame    mw=new mainFrame ("国际象棋");
7       }
8   }
9
10  class mainFrame extends JFrame {
11      GridLayout grid;
12      JPanel chessboard;
13      mainFrame(String title) {
14          super(title);
```

```
15            chessboard = new JPanel();
16            grid=new GridLayout（12,12）;
17            chessboard.setLayout(grid);
18            Label label[][]=new Label[12][12];
19            for(int i=0;i<12;i++) {
20                for(int j=0;j<12;j++) {
21                    label[i][j]=new Label();
22                    if((i+j)%2==0)
23                        label[i][j].setBackground(Color.black);
24                    else
25                        label[i][j].setBackground(Color.white);
26                    chessboard.add(label[i][j]);
27                }
28            }
29            add(chessboard,BorderLayout.CENTER);
30            add(new JButton("北边选手"),BorderLayout.NORTH);
31            add(new JButton("南边选手"),BorderLayout.SOUTH);
32            add(new JButton("西边观众"),BorderLayout.WEST);
33            add(new JButton("东边观众"),BorderLayout.EAST);
34            setBounds（100,100,480,400);
35            setVisible(true);
36            setDefaultCloseOperation(JFrame.EXIT_ON_CLOSE);
37            validate();
38        }
39    }
```

运行结果，如图 8.6 所示。

图 8.6　国际象棋棋盘

8.4.4 CardLayout

CardLayout 布局管理器能够实现将多个组件放在同一个容器区域内的交替显示，相当于多张卡片叠在一起，在任何时候都只能看到最上面的一个。

【例 8.5】 布局管理窗口

```
1    import java.awt.CardLayout;
2    import java.awt.GridLayout;
3    import java.awt.event.ActionEvent;
4    import java.awt.event.ActionListener;
5    import javax.swing.JButton;
6    import javax.swing.JFrame;
7    import javax.swing.JPanel;
8
9    class CardLayoutTest extends JFrame{
10       private CardLayout cardLayout=new CardLayout();
11       private JPanel plNorth=new JPanel();
12       private JPanel plCenter=new JPanel();
13       public CardLayoutTest(String title){
14           super(title);
15           plNorth.setLayout(new GridLayout（1,3）);
16           JButton btnPrev=new JButton("上一个");
17           JButton btnNext=new JButton("下一个");
18           JButton btnThree=new JButton("中间一个");
19           plNorth.add(btnPrev);
20           plNorth.add(btnNext);
21           plNorth.add(btnThree);
22           MyActionListener ma=new MyActionListener();
23           btnPrev.addActionListener(ma);
24           btnNext.addActionListener(ma);
25           btnThree.addActionListener(ma);
26           plCenter.setLayout(cardLayout);
27           plCenter.add("1",new JButton("三角形"));//第一个参数为代号，不能
                                                     //相同，依次增加
28           plCenter.add("2",new JButton("矩形"));
29           plCenter.add("3",new JButton("梯形"));
30           plCenter.add("4",new JButton("圆形"));
31           this.add(plNorth,"North");
32           this.add(plCenter,"Center");//默认为 Center，即可写成 this.add(plCenter);
```

```
33          }
34          class MyActionListener implements ActionListener{
35                public void actionPerformed(ActionEvent e) {
36                      String com=e.getActionCommand();
37                      if(com.equals("上一个")){
38                            cardLayout.previous(plCenter);
39                      }else if(com.equals("下一个")){
40                            cardLayout.next(plCenter);
41                      }else if(com.equals("中间一个")){
42                            cardLayout.show(plCenter, "3");
43                      }
44                }
45          }
46    }
47
48    public class Example8_5{
49          public static void main(String[] args) {
50                CardLayoutTest mainFrame = new CardLayoutTest("布局管理");// 创建
                                                                   //窗体实例
51                mainFrame.setBounds（100, 100, 300, 300);
52                mainFrame.setVisible(true);// 显示窗体
53                mainFrame.setDefaultCloseOperation(JFrame.EXIT_ON_CLOSE);
54          }
55    }
```

运行结果，如图 8.7 所示。

图 8.7　布局管理

8.4.5 BoxLayout

javax.swing 包提供了 Box 类，该类也是 Container 类的一个子类。它创建的容器称作一个盒式容器，其默认布局就是盒式布局 BoxLayout。由于不允许更改盒式容器的布局，在策划程序布局时，可以利用容器的嵌套将某个容器嵌入几个盒式容器，达到布局目的。

public BoxLayout(Container target, int axis)

第二个参数指定是行型盒式布局（只在一行）或列型盒式布局（只在一列）。BoxLayout.X_AXIS、BoxLayout.Y_AXIS。

行型盒式布局容器中添加的组件的上沿在同一水平线，列型盒式布局容器中添加的组件的左沿在同一垂直线上。

容器的目的是向其添加组件，并根据需要设置合理的布局。如果需要一个盒式布局容器，可以使用 Box 类的静态方法获得实例对象。

public static Box createVerticalBox()//列型

public static Box createHorizontalBox()//行型

如果想控制盒式布局容器中组件之间的距离，就需要使用水平支撑组件或者垂直支撑组件。

public static Component createHorizontalStrut(int width)

public static Component createVerticalStrut(int height)

8.5 事件处理

8.5.1 事件处理机制

三个重要的概念：

事件(Event)：用户对组件的一个操作，称之为一个事件。

事件源(Event source)：产生事件的组件。

事件处理器(Event handler)：能够接收、解析和处理事件类对象、实现和用户交互的方法。

常见事件及相应事件原类型如表 8.1 所示。

表 8.1 常见事件及相应事件源类型

事件源	用户操作	事件
JButton	点击按钮	ActionEvent
JTextField	在文本域按回车键	ActionEvent
JCheckBox	点击复选框	ActionEvent, ItemEvent
JRadioButton	点击单选按钮	ActionEvent, ItemEvent
JComBox	选定选项	ActionEvent, ItemEvent
JList	选定选项	ListSelectionEvent

续表

事件源	用户操作	事件
JMenuItem	选定菜单项	ActionEvent, ItemEvent
JSlider	滑动滑块	ChangeEvent
Window	窗口打开，关闭等	WindowEvent
Component	点击或移动鼠标	MouseEvent
Component	按下或释放键盘上的键	KeyEvent
Container	在容器中添加或删除组件	ContainerEvent
Component	组件获得或失去焦点	FocusEvent
Component	组件移动，改变大小	ComponentEvent
JScrollBar	移动滚动条	AdjustmentEvent

JAVA 程序对事件处理的方法是放在一个类对象中的，这个类对象就是事件监听器。

（1）必须将一个事件监听器对象同某个事件源的某种事件进行关联，这样，当某个事件源上发生了某种事件后，关联的事件监听器对象中的有关代码才会被执行。这个过程称为向事件源注册事件监听器。

向组件(事件源)注册事件监听器后，事件监听器就与组件建立关联，当组件接受外部作用(事件)时，组件会产生一个相应的事件对象，并把这个对象传给与之关联的事件监听器，事件监听器就会被启动并执行相关的代码来处理该事件。

（2）一般情况下，事件源可以产生多种不同类型的事件，因而可以注册(触发)多种不同类型的监听器。

事件源、事件、事件处理器之间的工作关系如图 8.8 所示。

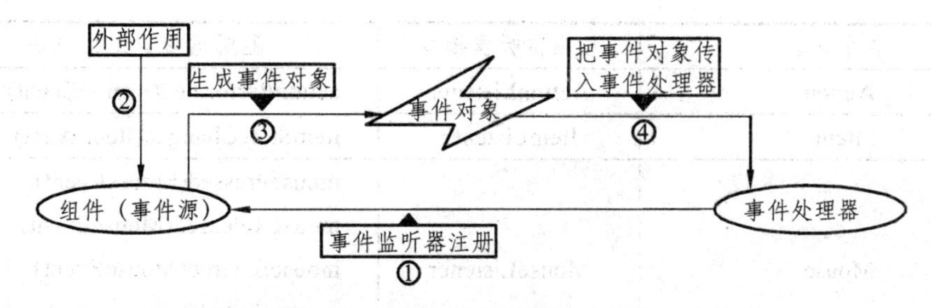

图 8.8　事件源、事件、事件处理器之间的工作关系

8.5.2　事件的分类

按产生事件的物理操作和 GUI 组件的表现效果进行分类：

MouseEvent;

WindowEvent;

ActionEvent：当用户的某个物理操作导致组件的基本作用发生，例如按钮被选择执行了它对应的命令，至于你用鼠标单击选择的还是键盘选择的不重要，这个就是按钮的基本作用的发生。

按事件的性质分类：

低级事件；

语义事件（又叫高级事件）。

不需要去记哪些事件是低级事件、高级事件。如果真要区分，有个小技巧，查看 JDK 文档，或某个事件类对应的监听器，如果只有一个成员方法，就说明是语义事件。例如：

ActionEvent→ActionListener

MouseEvent→MouseListener

8.5.3 事件监听器

一个事件监听器对象负责监听和处理一类事件，一类事件的每一种发生情况，分别由事件监听器对象中的一个方法来具体处理。

在事件源和事件监听器对象中进行约定的接口类，被称为事件监听器接口。

事件监听器接口类的名称与事件类的名称是相对应的，例如，MouseEvent 事件类的监听器接口为 MouseListener，处理发生在某个 GUI 组件上的 XxxEvent 事件的某种情况，其事件处理的通用编写流程：

（1）编写一个实现了 XxxListener 接口的事件监听器类；

（2）XxxListener 类中的用于处理该事件情况的方法中，编写处理代码；

（3）调用组件的 addXxxListener 方法，将类 XxxListener 创建的实例对象注册到 GUI 组件上

小技巧：事件监听器的方法返回值类型都是 void

常用事件监听器接口及其中的方法如表 8.2 所示。

表 8.2　事件监听器接口及其中的方法

事件类型	相应监听器接口	监听器接口中的方法
Action	ActionListener	actionPerformed(ActionEvent)
Item	ItemListener	itemStateChanged(ItemEvent)
Mouse	MouseListener	mousePressed(MouseEvent) mouseReleased(MouseEvent) mouseEntered(MouseEvent) mouseExited(MouseEvent) mouseClicked(MouseEvent)
Mouse Motion	MouseMotionListener	mouseDragged(MouseEvent) mouseMoved(MouseEvent)
Key	KeyListener	keyPressed(KeyEvent) keyReleased(KeyEvent) keyTyped(KeyEvent)
Focus	FocusListener	focusGained(FocusEvent) focusLost(FocusEvent)

续表

事件类型	相应监听器接口	监听器接口中的方法
Adjustment（调整，例如滚动条）	AdjustmentListener	adjustmentValueChanged (AdjustmentEvent)
Component	ComponentListener	componentMoved(ComponentEvent) componentHidden (ComponentEvent) componentResized(ComponentEvent) componentShown(ComponentEvent)
Window	WindowListener	windowClosing(WindowEvent) windowOpened(WindowEvent) windowIconified(WindowEvent) windowDeiconified(WindowEvent) windowClosed(WindowEvent) windowActivated(WindowEvent) windowDeactivated(WindowEvent)
Container	ContainerListener	componentAdded(ContainerEvent) componentRemoved(ContainerEvent)
Text	TextListener	textValueChanged(TextEvent)

注册事件监听器的方法有三种：

方法一：自定义监听器类；

方法二：内部类；

方法三：窗口做监听器。

1. 定义事件监听器类

在文本框中输入字符并回车时，会发生 ActionEvent 事件，即自动创建了一个 ActionEvent 事件对象。如果现在文本框注册了 ActionListener 监听器，那么就会捕获到这个事件对象，并调用其中的 actionPerformed 方法同时将捕获到的 ActionEvent 事件对象作为参数传递给该方法。

ActionEvent 类有如下方法：

public Object getSource()：获得发生 ActionEvent 事件的事件源对象

public String getActionCommand()：获得发生 ActionEvent 时间时，和该事件相关的一个命令字符串。对于文本框，就是文本框中的内容，对于按钮，就是按钮上的文本，对于菜单项，就是菜单项上的文本。

【例 8.6】 文本框的监听。

```
1    import java.awt.*;
2    import javax.swing.*;
3    import java.awt.event.ActionEvent;
4    import java.awt.event.ActionListener;
5
```

```
6    class MyActionListener implements ActionListener {
7        private WindowNumber owner;
8        public MyActionListener(WindowNumber frame){
9            this.owner=frame;
10       }
11       public void actionPerformed(ActionEvent e) {
12           String str=(String)e.getActionCommand();
13           long num;
14           if(str!=null && !str.isEmpty()){
15               num=Long.valueOf(str);
16               JTextField result=owner.getResultTextField();
17               result.setText(""+num*num);
18           }
19       }
20   }
21   class WindowNumber extends JFrame {
22       private JTextField numberTextField;
23       private JTextField resultTextField;
24       public WindowNumber(){
25           this.setLayout(new FlowLayout());
26           numberTextField=new JTextField（12）;
27           resultTextField=new JTextField（12）;
28           resultTextField.setEditable(false);
29           numberTextField.addActionListener(new MyActionListener(this));
30           this.add(numberTextField);
31           this.add(resultTextField);
32           this.setBounds（100, 100, 200, 200);
33           this.setVisible(true);
34           this.setDefaultCloseOperation(JFrame.EXIT_ON_CLOSE);
35       }
36       public JTextField getNumberTextField() {
37           return numberTextField;
38       }
39       public void setNumberTextField(JTextField numberTextField) {
40           this.numberTextField = numberTextField;
```

```
41          }
42          public JTextField getResultTextField() {
43                return resultTextField;
44          }
45          public void setResultTextField(JTextField resultTextField) {
46                this.resultTextField = resultTextField;
47          }
48    }
49
50    public class Example8_6{
51          public static void main(String[] args) {
52                new WindowNumber();
53          }
54    }
```

运行结果，如图 8.9 所示。

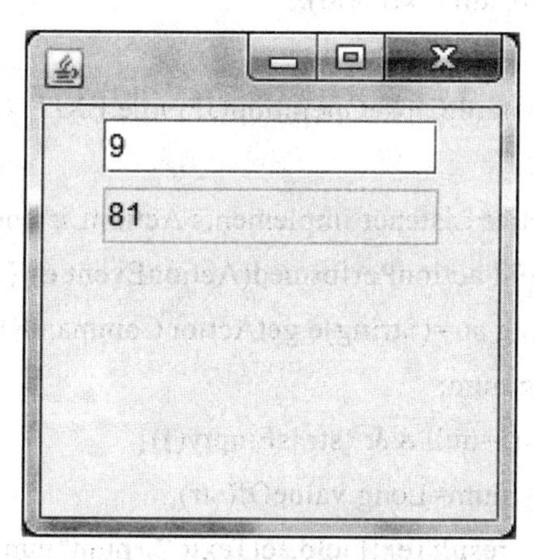

图 8.9　文本框的监听结果

发现在例 8.6 中，在自定义监听器类中想要访问事件源之外的对象较为麻烦。是否有其他方法呢？有，使用内部类和窗口做监听器。

问题：如果要在事件监听器类中访问非事件源的其他 GUI 组件，程序该怎么编写？

方法一：内部类；

方法二：窗口做监听器。

同时这两种方法也使得监听器和事件源是松耦合关系（组合关系）。

2. 内部类的方式定义事件监听器类

【例 8.7】　使用内部类定义事件监听器类。

```
1     import java.awt.*;
```

```
2     import javax.swing.*;
3     import java.awt.event.ActionEvent;
4     import java.awt.event.ActionListener;
5
6     class WindowNumber extends JFrame {
7         private JTextField numberTextField;
8         private JTextField resultTextField;
9         public WindowNumber(){
10            this.setLayout(new FlowLayout());
11            this.setBounds（100, 100, 200, 200);
12            numberTextField=new JTextField（15）;
13            numberTextField.addActionListener(new InnerActionListener());
14            resultTextField=new JTextField（15）;
15            resultTextField.setEditable(false);
16            this.add(numberTextField);
17            this.add(resultTextField);
18            this.setVisible(true);
19            this.setDefaultCloseOperation(JFrame.EXIT_ON_CLOSE);
20        }
21        class InnerActionListener implements ActionListener{
22            public void actionPerformed(ActionEvent e) {
23                String str=(String)e.getActionCommand();
24                long num;
25                if(str!=null && !str.isEmpty()){
26                    num=Long.valueOf(str);
27                    resultTextField.setText(""+num*num);
28                }
29            }
30        }
31    }
32
33    public class Example8_7 {
34        public static void main(String[] args) {
35            new WindowNumber();
36        }
37    }
```

运行结果，还是如图 8.9 所示。

【例 8.8】 使用匿名内部类定义事件监听器类。

```
1    import java.awt.*;
2    import javax.swing.*;
3    import java.awt.event.ActionEvent;
4    import java.awt.event.ActionListener;
5
6    class WindowNumber1 extends JFrame {
7         private JTextField numberTextField;
8         private JTextField resultTextField;
9         public WindowNumber1(){
10             this.setLayout(new FlowLayout());
11             numberTextField=new JTextField（12）;
12             numberTextField.addActionListener(new ActionListener(){
13             public void actionPerformed(ActionEvent e) {
14                       String str=(String)e.getActionCommand();
15                       long num;
16                       if(str!=null && !str.isEmpty()){
17                            num=Long.valueOf(str);
18                            resultTextField.setText(""+num*num);
19                       }
20                  }
21             });
22             resultTextField=new JTextField（12）;
23             resultTextField.setEditable(false);
24             this.setBounds（100, 100, 200, 200);
25             this.add(numberTextField);
26             this.add(resultTextField);
27             this.setVisible(true);
28             this.setDefaultCloseOperation(JFrame.EXIT_ON_CLOSE);
29        }
30   }
31
32   public class Example8_8{
33        public static void main(String[] args) {
34             new WindowNumber1();
35        }
36   }
```

运行结果，还是如图 8.9 所示。

3. 窗口做监听器

任何实现 xxxListener 接口的类的实例都可以成为 xxxEvent 事件源的监听器。

让事件源所在的类的实例作为监听器，能让事件的处理比较方便，这是因为，监听器可以方便的操作事件源所在的类中的其他成员。当系统不复杂时，这样做是个不错的选择。

【例 8.9】 窗口做监听器。

```
1   import java.awt.*;
2   import javax.swing.*;
3   import java.awt.event.ActionEvent;
4   import java.awt.event.ActionListener;
5   class WindowNumber2 extends JFrame implements ActionListener{
6       private JTextField numberTextField;
7       private JTextField resultTextField;
8       public WindowNumber2(){
9           this.setLayout(new FlowLayout());
10          numberTextField=new JTextField（20);
11          numberTextField.addActionListener(this);
12          resultTextField=new JTextField（20);
13          resultTextField.setEditable(false);
14          this.setBounds（100, 100, 150, 150);
15          this.add(numberTextField);
16          this.add(resultTextField);
17          this.setVisible(true);
18          this.setDefaultCloseOperation(JFrame.EXIT_ON_CLOSE);
19      }
20      public void actionPerformed(ActionEvent e) {
21          String str=(String)e.getActionCommand();
22          long num;
23          if(str!=null && !str.isEmpty()){
24              num=Long.valueOf(str);
25              resultTextField.setText(""+num*num);
26          }
27      }
28  }
29
30  public class Example8_9{
```

```
31      public static void main(String[] args) {
32          new WindowNumber2();
33      }
34  }
```

运行结果，还是如图 8.8 所示。

8.5.4 事件处理的多重运用

如何知道一个 GUI 组件到底能够触发哪几种事件？

（1）一个组件上的一个动作可以产生多种不同类型的事件，如图 8.10 所示。

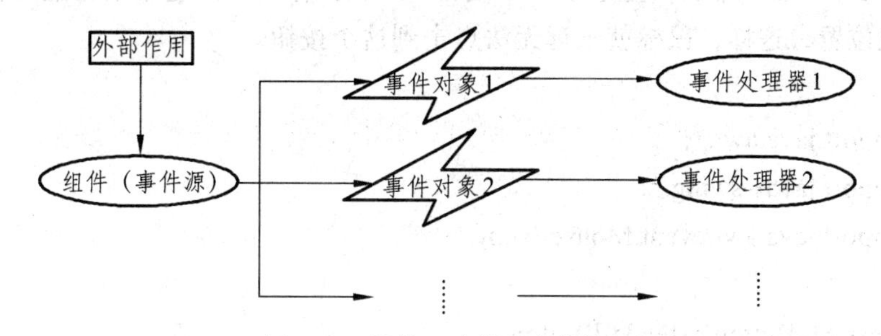

图 8.10 组件、动作、事件关系

（2）一个事件监听器对象可以注册到多个事件源上，如图 8.11 所示。

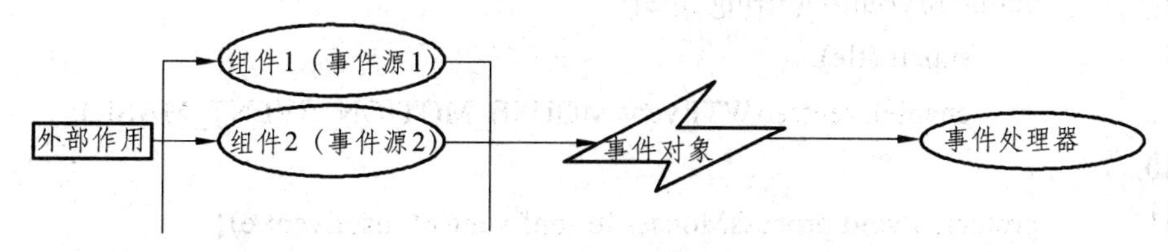

图 8.11 监听器对象注册到事件源

（3）在一个事件源上也可以注册对同一类事件进行处理的多个事件监听器对象，如图 8.12 所示。

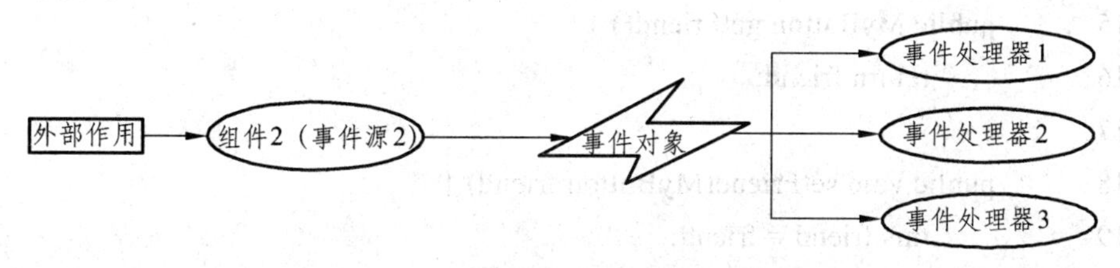

图 8.12 事件源与多个事件监听器对象关系

8.5.5 修改组件的默认事件处理方式

只有在一个组件上注册了某种事件的事件监听器对象后，组件才会产生相应的事件对象。默认的 processEvent 方法调用相应的 processXxxEvent 方法。

例如文本框，当产生的事件对象是 ActionEvent，那么就会调用 processActionEvent 方法，Otherwise, it invokes processEvent on the superclass.

但是，如果调用 enableEvents(long eventsToEnable)方法，可以在即使没有注册事件监听器的情况下，组件也能够对某些类型的事件进行响应和产生相应的事件对象，如图 8.13 所示。

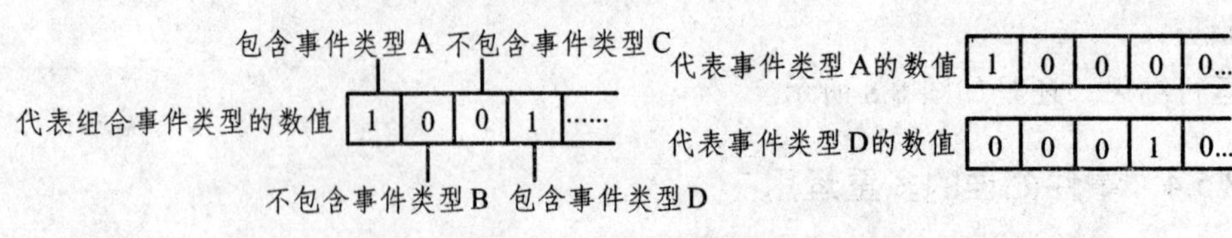

图 8.13　组件、事件响应产生事件对象

【例 8.10】　在一个窗口上显示一个按钮，一旦鼠标移动到这个按钮上时，按钮就移动到了其他位置，这样，鼠标就永远无法点击到这个按钮。

```
1    import java.awt.*;
2    import javax.swing.*;
3    import java.awt.event.MouseEvent;
4
5    class MyButton extends JButton{
6        private MyButton friend=null;
7        public MyButton(String title){
8            super(title);
9            enableEvents(AWTEvent.MOUSE_MOTION_EVENT_MASK);
10       }
11       protected void processMouseMotionEvent(MouseEvent e){
12           setVisible(false);
13           friend.setVisible(true);
14       }
15       public MyButton getFriend() {
16           return friend;
17       }
18       public void setFriend(MyButton friend) {
19           this.friend = friend;
20       }
21   }
22
23   public class Example8_10{
24       public static void main(String[] args) {
25           JFrame mainFrame = new JFrame();
26           mainFrame.setBounds（100, 100, 300, 200);
```

```
27              MyButton btn1=new MyButton("抓我啊!试试能抓到吗？");
28              MyButton btn2=new MyButton("抓我啊!试试能抓到吗？");
29              btn1.setFriend(btn2);
30              btn2.setFriend(btn1);
31              btn2.setVisible(false);
32              mainFrame.setTitle("追逐按钮游戏");
33              mainFrame.add(btn1,"North");
34              mainFrame.add(btn2,"South");
35              mainFrame.setVisible(true);
36          }
37      }
```

运行结果，如图 8.14 所示。

图 8.14　例 8.10 的运行结果

8.6　菜单

窗口中的菜单条、菜单、菜单项是我们熟悉的组件。菜单放在菜单条中，菜单项在菜单里。

8.6.1　系统菜单

一个完整的菜单系统由菜单条、菜单和菜单项组成，它们之间的关系如图 8.15 所示。

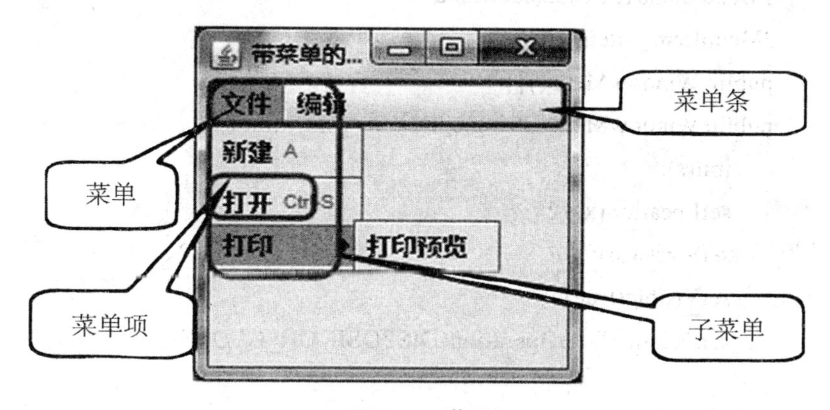

图 8.15　菜单

JAVA 中与菜单相关的类主要有：JMenuBar（菜单条）、JMenu（菜单）、JMenuItem（菜单项）。

（1）创建一个 JMenuBar 对象，并将其置于一个可容纳菜单的容器(如 JFrame 对象)中。

调用 JFrame 类的 setJMenuBar(JMenuBar mb)方法。

（2）创建一个或多个 JMenu 对象，并将它们添加到先前创建的 JMenuBar 对象中。

调用 void add(JMenuItem item)向菜单增加菜单项。

JMenuItem getItem(int n) 可以得到指定索引处的菜单项。

int getItemCount()得到菜单中菜单项的数目。

（3）创建一个或多个 JMenuItem 对象，再将其加入到各个 JMenu 对象中。

JMenuItem(String text)

JMenuItem(String text,Icon icon)

void setAccelerator(KeyStroke keyStroke) 设置快捷键，KeyStroke 类对象可通过 KeyStroke 的静态方法：

KeyStroke.*getKeyStroke*(char keyChar)

KeyStroke.*getKeyStroke*(int keyCode,int modifiers) keyCode 取值为 KeyEvent.VK_A~KeyEvent.VK_Z，modifiers 取值为 InputEvent.ALT_MASK 等

要对菜单项的单击做出反应，相应的菜单项就要增加实现了 ActionListener 接口的监听对象。

【例 8.11】 带菜单的窗口

```
1   import javax.swing.*;
2   import java.awt.event.InputEvent;
3   import java.awt.event.KeyEvent;
4   import static javax.swing.JFrame.*;
5   class WindowMenu extends JFrame {
6       JMenuBar menubar;
7       JMenu menu1,menu2,subMenu;
8       JMenuItem   item1,item2;
9       public WindowMenu(){}
10      public WindowMenu(String s,int x,int y,int w,int h) {
11          init(s);
12          setLocation(x,y);
13          setSize(w,h);
14          setVisible(true);
15          setDefaultCloseOperation(DISPOSE_ON_CLOSE);
16      }
17      void init(String s){
```

```
18            setTitle(s);
19            menubar=new JMenuBar();
20            menu1=new JMenu("文件");
21            menu2=new JMenu("编辑");
22            subMenu=new JMenu("打印");
23            item1=new JMenuItem("新建",new ImageIcon("a.gif"));
24            item2=new JMenuItem("打开",new ImageIcon("b.gif"));
25            item1.setAccelerator(KeyStroke.getKeyStroke('A'));
26            item2.setAccelerator(KeyStroke.getKeyStroke(KeyEvent.VK_S,
                                    InputEvent.CTRL_MASK));
27            menu1.add(item1）;
28            menu1.addSeparator();
29            menu1.add(item2）;
30            menu1.add(subMenu);
31            subMenu.add(new JMenuItem("打印预览",new ImageIcon("c.gif")));
32            menubar.add(menu1）;
33            menubar.add(menu2）;
34            setJMenuBar(menubar);
35        }
36    }
37
38    public class Example8_11 {
39        public static void main(String args[]) {
40            WindowMenu win=new WindowMenu("带菜单的窗口",20,30,200,190);
41        }
42    }
```

运行结果，如图 8.16 所示。

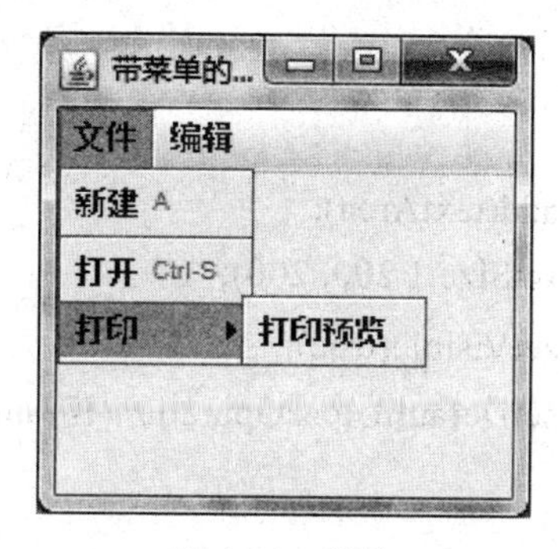

图 8.16　菜单

8.6.2 弹出式菜单

（1）能够在组件中的指定位置上动态弹出的菜单。

（2）弹出的方法：

public void show(Component origin, int x, int y)

（3）在相对于初始组件的 x、y 位置上显示弹出式菜单。

【例 8.12】 弹出式菜单。

```
1   import java.awt.event.MouseAdapter;
2   import java.awt.event.MouseEvent;
3   import javax.swing.JFrame;
4   import javax.swing.JPopupMenu;
5   import javax.swing.JTextArea;
6
7   public class TestJPopupMenu {
8       public static void main(String[] args) {
9           JFrame mainFrame=new JFrame();
10          JTextArea textArea=new JTextArea();
11          final JPopupMenu popup = new JPopupMenu();
12          popup.add("复制");
13          popup.add("粘贴");
14          popup.add("剪切");
15
16          textArea.add(popup);
17          textArea.addMouseListener(new MouseAdapter() {
18              public void mouseReleased(MouseEvent e) {
19                  if(e.getButton() == MouseEvent.BUTTON3 ) {
20                      popup.show(e.getComponent(), e.getX(), e.getY());
21                  }
22              }
23          });
24          mainFrame.add(textArea);
25          mainFrame.setSize（200, 200);
26          mainFrame.setVisible(true);
27          mainFrame.setDefaultCloseOperation(JFrame.EXIT_ON_CLOSE);
28      }
29  }
```

运行结果，如图 8.17 所示。

图 8.17　弹出式菜单

8.7　DocumentEvent 事件

java.awt.TextArea 在内部处理滚动。JTextArea 的不同之处在于，它不管理滚动，但实现了 swing Scrollable 接口。这允许把它放置在 JScrollPane 的内部（如果需要滚动行为），或者直接使用（如果不需要滚动）。

java.awt.TextArea 具有换行能力。这由水平滚动策略来控制。由于滚动不是由 JTextArea 直接完成的，因此必须通过另一种方式来提供向后兼容性。JTextArea 具有用于换行的 bound 属性，该属性控制其是否换行。在默认情况下，换行属性设置为 false（不换行）。

8.7.1　文本区域上的 DocumentEvent 事件

用户在文本区中进行文本编辑操作，使得文本区中的文本内容发生变化，将导致文本区所维护的文档模型中的数据发生变化，从而导致文本区触发 DocumentEvent 事件。

文本区调用 getDocument()方法返回所维护的文档

public void addDocumentListener(DocumentListener documentListener)

DocumentListener 接口有三个方法：

public void changedUpadate(DocumentEvent e)

public void removeUpadate(DocumentEvent e)

public void insertUpadate(DocumentEvent e)

【例 8.13】　输入字符串到一个 JTextArea 中，把其中的英文单词筛选出并按字典顺序排好放到另一个 JTextArea 中。

```
1    import java.awt.FlowLayout;
2    import java.util.Arrays;
3    import javax.swing.JFrame;
4    import javax.swing.JScrollPane;
5    import javax.swing.JTextArea;
6    import javax.swing.event.DocumentEvent;
7    import javax.swing.event.DocumentListener;
8
```

```
9    public class JTextAreaTest {
10       public static void main(String[] args) {
11           JFrame mainFrame = new JFrame();
12           mainFrame.setLayout(new FlowLayout());
13           final JTextArea text=new JTextArea("",3,15）;
14           text.setLineWrap(true);
15           mainFrame.add(new JScrollPane(text));
16           final JTextArea sortResult=new JTextArea("",3,15）;
17           sortResult.setEditable(false);
18           sortResult.setLineWrap(true);
19           mainFrame.add(new JScrollPane(sortResult));
20           text.getDocument().addDocumentListener(new DocumentListener(){
21               public void changedUpdate(DocumentEvent e) {
22                   String str=text.getText();
23                   String words[] =str.split("[\\s\\d\\p{Punct}]+");   //空格、数字和
                     //符号（键盘上的各种符号字符,、[ % ^等）组成的正则表达式
24                   Arrays.sort(words);
25                   sortResult.setText(null);
26                   for(String s:words){
27                       sortResult.append(s+",");
28                   }
29               }
30
31               public void insertUpdate(DocumentEvent e) {
32                   changedUpdate(e);
33               }
34
35               public void removeUpdate(DocumentEvent e) {
36                   changedUpdate(e);
37               }
38           });
39           mainFrame.setBounds（100, 100, 200, 200);
40           mainFrame.setVisible(true);
41           mainFrame.setDefaultCloseOperation(JFrame.EXIT_ON_CLOSE);
42       }
43   }
```

运行结果，如图 8.18 所示。

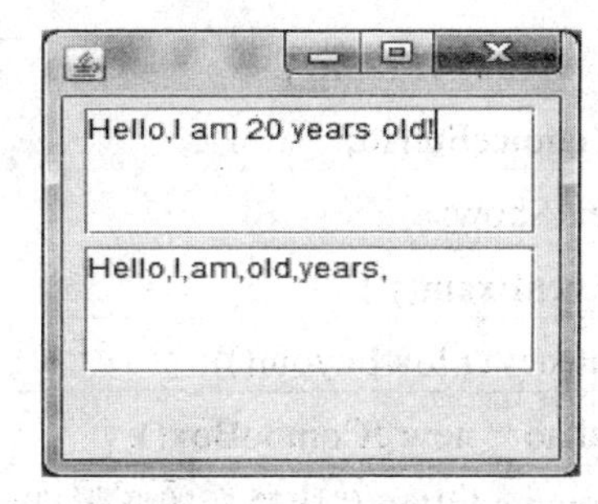

图 8.18 例 8.13 的运行结果

8.8 ItemEvent 事件

项目事件类（ItemEvent）是指某一个项目被选定、取消的语义事件。

1. 事件源

ItemEvent 事件的事件源有 CheckBox、ComboBox、List 等，即选择 CheckBox、ComboBox、List 等组件的时候将产生 ItemEvent 项目事件，这时引发的动作为：

（1） 改变列表类 List 对象选项的选中或不选中状态。

（2） 改变下拉列表类 Choice 对象选项的选中或不选中状态。

（3） 改变复选按钮类 Checkbox 对象的选中或不选中状态。

使用 ItemEvent 事件，必须实现 ItemListener 接口的事件处理方法，ItemListener 接口只有一个方法如下：

void itemStateChange(ItemEvent e)

事件源触发 ItemEvent 事件后，监听器将发现触发的 ItemEvent 事件，然后调用接口中的 itemStateChange(ItemEvent e) 方法对事件作出处理。当监听器调用该方法时，ItemEvent 类事先创建的事件对象就会传递给方法的参数 e。

ItemEvent 事件对象还可以调用以下几种方法：

getItem()：返回取得影响的项目对象。

getItemSelectable()：返回事件源 ItemSelectable 对象。

getStateChange()：返回状态的改变类型，包括 SELECTED 和 DESELECTED 两种。

paramString()：生成事件状态的字符串。

【例 8.14】 下拉列表的响应。

```
1    import java.awt.FlowLayout;
2    import java.awt.event.ItemEvent;
3    import java.awt.event.ItemListener;
4    import javax.swing.JComboBox;
5    import javax.swing.JFrame;
6    import javax.swing.JTextField;
```

```
7    class ItemEvenExam extends JFrame {
8            JComboBox choiceFuhao;
9            JTextField textShow;
10           public ItemEvenExam() {
11               setLayout(new FlowLayout());
12               choiceFuhao = new JComboBox();
13               choiceFuhao.addItem("选择您的图形:");
14               String [] a = {"三角形","矩形","梯形","圆形"};
15               for(int i=0;i<a.length;i++) {
16                   choiceFuhao.addItem(a[i]);
17               }
18               textShow = new JTextField（10）;
19               add(choiceFuhao);
20               add(textShow);
21               choiceFuhao.addItemListener(new ItemListener() {
22                   public void itemStateChanged(ItemEvent e) {
23                       String item = e.getItem().toString();
24                       int stateChange = e.getStateChange();
25                       if (stateChange == ItemEvent.SELECTED) {
26                           textShow.setText("我喜欢" + item + "！ ");
27                       }
28                   }
29           });
30       }
31   }
32   public class Example8_14{
33       public static void main(String[] args) {
34           ItemEvenExam frame = new ItemEvenExam();
35           frame.setTitle("选项事件示例");
36           frame.setVisible(true);
37           frame.setDefaultCloseOperation(JFrame.DISPOSE_ON_CLOSE);
38           frame.setBounds（200, 200, 220, 200);
39       }
40   }
```

运行结果，如图 8.19 所示。

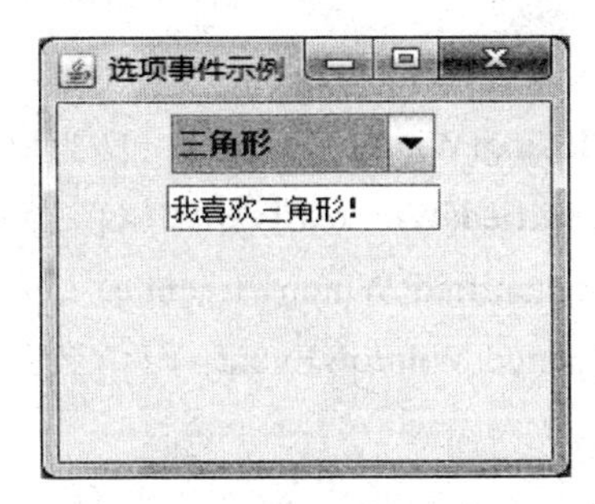

图 8.19　例 8.14 的运行结果

8.9　其他常用事件

8.9.1　窗口事件

JFrame 及子类创建的窗口可以调用：

setDefaultCloseOperation(int operation);

方法设置窗口的关闭方式，前面所举的例子都是这样操作的。参数 Operation 取 JFrame 的 static 常量有：

（1）DO_NOTHING_ON_CLOSE（什么也不做）。

（2）HIDE_ON_CLOSE（隐藏当前窗口）。

（3）DISPOSE_ON_CLOSE（隐藏当前窗口，并释放窗体占有的其他资源）。

（4）EXIT_ON_CLOSE（结束窗口所在的应用程序）。

仅用上面的 4 种方式满足不了程序的需要，比如关闭窗口时，程序可能需要提示保存窗口中的有关数据等情况。这里讲解窗口事件，通过处理事件来满足程序的要求。

1. 事件源

JFrame 和 JDialog 容器是 window 窗口的子类，凡是 window 子类创建的对象都可以引发 WindowEvent 类型事件，即 WindowEvent 窗口事件。

2. 接口

当打开、关闭、激活、停用、图标化或取消图标化 Window 对象或者当焦点转移到 Window 内或移出 Window 时，由 Window 对象生成该窗口事件。WindowEvent 创建的事件对象调用 getWindow()方法可以获取发生窗口事件的窗口。

窗口使用 addWindowListener(WindowListener)方法获得监听器，创建监听器对象的类必须实现 WindowListener 接口，接口中的 7 个不同的方法：

（1）public void windowActivated(WindowEvent e) {}//当窗口从非激活状态到激活状态时，监视器调用该方法

（2）public void windowDeactivated(WindowEvent e) {}//当窗口从激活状态到非激活状态时，监视器调用该方法

（3）public void windowClosed(WindowEvent e) {}//当窗口关闭时

（4）public void windowClosing(WindowEvent e) {}//当窗口正在被关闭时

（5）public void windowIconified(WindowEvent e) {}//当窗口图标化时

（6）public void windowDeiconified(WindowEvent e) {}//当窗口撤销图标化时

（7）public void windowOpened(WindowEvent e) {}//当窗口打开时

3. WindowAdapter 适配器

我们知道，当一个类实现一个接口时，即使不准备处理某个方法，也必须给出接口中所有方法的实现。例如：

```
import java.awt.event.WindowEvent;
import java.awt.event.WindowListener;
public class OneWindowListener implements WindowListener{
    public void windowActivated(WindowEvent e) {}//当窗口从非激活状态到激活
  状态时，监视器调用该方法
    public void windowDeactivated(WindowEvent e) {}//当窗口从激活状态到非激活
  状态时，监视器调用该方法
    public void windowClosed(WindowEvent e) {}//当窗口关闭时
    public void windowClosing(WindowEvent e) {
        System.exit(0);
    }//当窗口正在被关闭时
   public void windowIconified(WindowEvent e) {}//当窗口图标化时
   public void windowDeiconified(WindowEvent e) {}//当窗口撤销图标化时
   public void windowOpened(WindowEvent e) {}//当窗口打开时
}
```

这样太麻烦了，使用适配器可以代替接口来处理事件，适配器已经实现了相应的接口，比如 WindowAdapter 类实现了 WindowListener 接口。因此，可以使用 WindowAdapter 的子类创建的对象做监视器，在子类中重写所需要的接口方法即可。

【例 8.15】 窗口事件。

```
1    import java.awt.event.*;
2    import javax.swing.*;
3
4    class MyFrame extends JFrame {
5        TwoWindowListener winlistener;
6        MyFrame(String s) {
7            super(s);
8            winlistener = new TwoWindowListener ();
```

```
9                   setBounds（100,100,200,300);
10                  setVisible(true);
11                  addWindowListener(winlistener);     //向窗口注册监视器
12                  validate();
13          }
14  }
15
16  class TwoWindowListener extends WindowAdapter {
17          public void windowClosing(WindowEvent e) { //重写
18              System.exit(0);
19          }
20  }
21
22  public class Example8_15 {
23      public static void main(String args[]) {
24                  new MyFrame("窗口");
25      }
26  }
```

运行结果，如图 8.20 所示。

图 8.20　例 8.15 的运行结果

8.9.2　MouseEvent 事件

1.　使用 MouseListener

使用 MouseListener 接口可以处理以下 5 中操作：

（1）按下鼠标：

public void mousePressed(MouseEvent e) {}//在组件上按下鼠标

（2）释放鼠标:

public void mouseReleased(MouseEvent e) {}//在组件上释放鼠标

（3）点击鼠标:

public void mouseClicked(MouseEvent e) {}//在组件上点击鼠标

（4）鼠标进入事件源:

public void mouseEntered(MouseEvent e) {}//鼠标进入组件

（5）鼠标退出事件源：

public void mouseExited(MouseEvent e) {}//鼠标退出组件

MouseEvent 中有下列几个重要的方法：

getX();

getY();

getModifiers()获取鼠标的左键、右键。分别使用 InputEvent 的常量来表示：左键（InputEvent.BUTTON1_MASK），右键（InputEvent.BUTTON3_MASK）;

getSource() 获取发生鼠标事件的事件源；

getClickCount()获取单击的次数。

JAVA 也提供了便于处理鼠标事件的适配器类 MouseAdapter，该类实现了 WindowListener 接口。

【例 8.16】 鼠标事件。

```
1    import java.awt.*;
2    import java.awt.event.*;
3    import javax.swing.*;
4
5    class MouseTest extends WindowAdapter implements MouseListener {
6         JFrame f = null;
7         JButton b1 = null;
8         JLabel label = null;
9         public MouseTest() {
10             f = new JFrame("MouseTest");
11             f.setLayout(new FlowLayout());
12             f.setBounds（100,100,200,100);
13             Container contentPane = f.getContentPane();
14             contentPane.setLayout(new GridLayout（2, 1）);
15             b1 = new JButton("按钮");
16             label = new JLabel("初始状态，无鼠标事件", JLabel.CENTER);
17             b1.addMouseListener(this);
18             contentPane.add(label);
19             contentPane.add(b1）;
20             f.setVisible(true);
21             f.addWindowListener(this);
```

```
22          }
23          public void mousePressed(MouseEvent e) {
24              label.setText("您已经按下鼠标按钮");
25          }
26          public void mouseReleased(MouseEvent e) {
27              label.setText("您已经放开鼠标按钮");
28          }
29          public void mouseEntered(MouseEvent e) {
30              label.setText("鼠标光标进入按钮");
31          }
32          public void mouseExited(MouseEvent e) {
33              label.setText("鼠标光标离开按钮");
34          }
35          public void mouseClicked(MouseEvent e) {
36              label.setText("您已经点击按钮");
37          }
38          public void windowClosing(WindowEvent e) {
39              System.exit(0);
40          }
41      }
42
43      public class Example8_16{
44          public static void main(String[] args) {
45              new MouseTest();
46          }
47      }
```

运行结果，如图 8.21 所示。

在例子中，继承 WindowAdapter 抽象类并实现 MouseListener interface,因此我们必须把 MouseListener 中的 5 个方法都实现，如果不想实现，可用匿名内部类的方法编写处理程序。

图 8.21　例 8.16 的运行结果

2. 使用 MouseMotionListener

对于鼠标的移动和拖放，另外用鼠标运动监听器 MouseMotionListener。因为许多程序不需要监听鼠标运动，把两者分开可简化程序。使用 MouseMotionListener 接口中有两种方法：

public void mouseDragged(MouseEvent e) {}//处理鼠标拖动

public void mouseMoved(MouseEvent e) {}//处理鼠标移动

如果在拖动组件时，想让鼠标指针的位置相对于拖动的组件保持静止，那么，组件左上角在容器坐标系中的位置应当是 a+x−x0，b+y−y0，其中 x0,y0 是最初在组件上按下鼠标时，鼠标指针在组件坐标系中的位置坐标。x,y 是鼠标在事件源中的位置，a,b 是组件的左上角在容器坐标系中的 x 坐标。

【例 8.17】 鼠标移动、拖放。

```
1   import java.awt.Color;
2   import javax.swing.*;
3   import java.awt.event.MouseEvent;
4   import java.awt.event.MouseListener;
5   import java.awt.event.MouseMotionListener;
6   import java.awt.event.WindowAdapter;
7   import java.awt.event.WindowEvent;
8   class MouseTest    implements MouseMotionListener,MouseListener{
9       JFrame frame = new JFrame("关于鼠标的多重监听器");
10      JTextField showtext = new JTextField（30);
11      public MouseTest(){
12          JLabel label = new JLabel("请按下鼠标键并拖动");
13          frame.add(label, "North");
14          frame.add(showtext,"South");
15          frame.setBackground(new Color（180, 255, 255）);
16          frame.addMouseListener(this);
17          frame.addMouseMotionListener(this);
18          frame.addWindowListener(new WindowAdapter() {
19              public void windowClosing(WindowEvent e) {
20                  System.exit(0);
21              }
22          });
23          frame.setSize（300, 200);
24          frame.setLocation（400, 250);
25          frame.setVisible(true);
26      }
27
28      public void mouseClicked(MouseEvent e) {
29          if (e.getClickCount()==1）  {
30              System.out.println("单击！ ");
31          } else if (e.getClickCount()==2）  {
```

```
32                    System.out.println("双击！ ");
33                } else if (e.getClickCount()==3 )  {
34                    System.out.println("三连击!! ");
35                }
36            }
37
38            public void mousePressed(MouseEvent e) {
39                System.out.println("鼠标按下");
40            }
41
42            public void mouseReleased(MouseEvent e) {
43                System.out.println("鼠标松开");
44            }
45            public void mouseEntered(MouseEvent e) {
46                showtext.setText("鼠标已经进入窗体");
47            }
48
49            public void mouseExited(MouseEvent e) {
50                showtext.setText("鼠标已经移出窗体");
51            }
52
53            public void mouseDragged(MouseEvent e) {
54                String string="拖动鼠标到：（"+e.getX()+"，" +e.getY()+"）";
55                showtext.setText(string);
56            }
57
58            public void mouseMoved(MouseEvent e) {
59                String string= "鼠标移动到：（"+e.getX()+"，"+e.getY()+"）";
60                showtext.setText(string);
61            }
62    }
63
64    public class Example8_17{
65        public static void main(String[] args) {
66            new MouseTest();
67        }
68    }
```

运行结果，如图 8.22 所示。

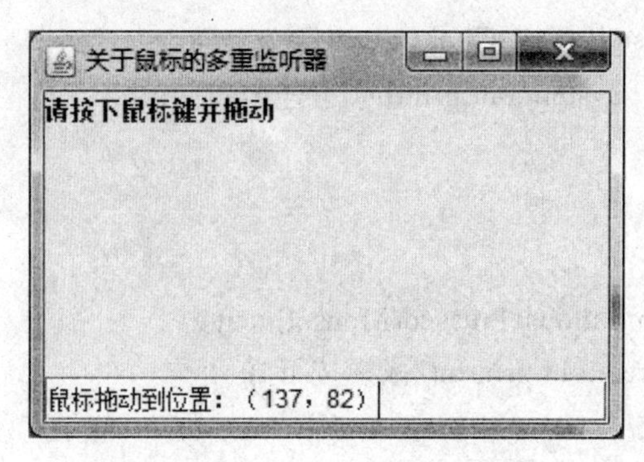

图 8.22　例 8.17 的运行结果

8.9.3　焦点事件

组件可以触发焦点事件 FocusEvent，组件可以使用 addFocusListener(FocusListener)。

FocusListener 接口：

void focusGained(FocusEvent e)

void focusLost(FocusEvent e)

组件也可以调用：

public boolean requestFocusInWindow()方法获得输入焦点

8.9.4　键盘事件

当按下、释放或敲击键盘上的一个键时就触发了键盘事件 KeyEvent。

KeyListener 中有三个方法：

public void keyPressed(KeyEvent e) {}//键盘按下

public void keyReleased(KeyEvent e) {}//释放

public void keyTyped(KeyEvent e) {}//当键盘按下有释放时

用 KeyEvent 类的 public int getKeyCode()方法获得键值码，可以判断那个键被按下、敲击或释放。也可以通过 public char getKeyChar()返回键上的字符。

键码表：参看附录 KeyEvent 类的常量值。

处理复合键：

KeyEvent 对象调用 getModifiers()方法，可以返回下列整数值，它们分别是 InputEvent 类的常量值 ALT_MASK、CTRL_MASK、SHIFT_MASK。

当使用 Ctrl+X：

e.getModifiers()==InputEvent. CTRL_MASK && e.getKeyCode()==keyEvent.VK_X

【例 8.18】　键盘事件。

```
1    import java.awt.event.KeyAdapter;
2    import java.awt.event.KeyEvent;
```

```
3    import javax.swing.*;
4
5    class MyFrame extends JFrame {
6          char charA;
7          public MyFrame(){
8                setBounds（200,200,300,200);
9                this.setDefaultCloseOperation(JFrame.EXIT_ON_CLOSE);
10               this.setTitle("测试窗口");
11               this.setVisible(true);
12               this.addKeyListener(new KeyAdapter(){
13                    public void keyPressed(KeyEvent e){
14                         char charA=e.getKeyChar();
15                         System.out.println("您按了\'"+charA+"\'键");
16                    }
17               });
18          }
19   }
20
21   public class Example8_18{
22         public static void main(String[] args) {
23               new MyFrame();
24         }
25   }
```

运行结果，如图 8.23 所示。

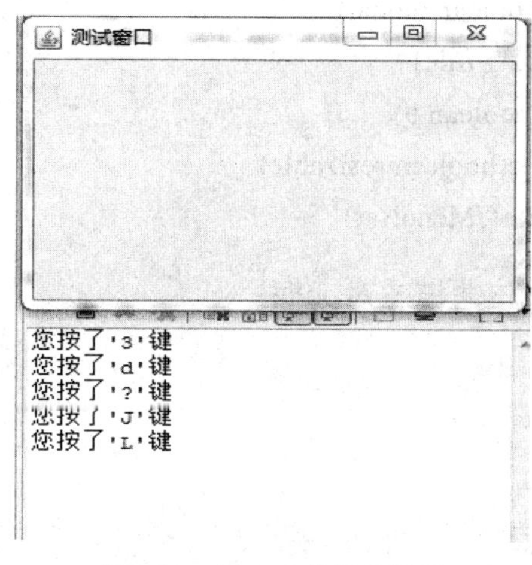

图 8.23　例 8.18 的运行结果

8.10 对话框

对话框是为了人机对话过程提供交互模式的工具。应用程序通过对话框，或给用户提供信息，或从用户获得信息。对话框是一个临时窗口，可以在其中放置用于得到用户输入的控件。

在 Swing 中，有两个对话框类，它们是 JDialog 类和 JOptionPane 类。JDialog 类提供构造并管理通用对话框；JOptionPane 类给一些常见的对话框提供许多便于使用的选项，例如，简单的“yes–no”对话框等。

对话框分为模态对话框与非模态对话框两种。模态对话框不能中断对话过程，直至对话框结束，才让程序响应对话框以外的事件。非模态对话框可以中断对话过程，去响应对话框以外的事件。模态对话框也称有强制型对话框，非模态对话框也称非强制对话框。

1. 构造方法

JDialog()：创建一个没有标题并且没有指定 Frame 所有者的无模式对话框。

JDialog(Dialog owner)

JDialog(Dialog owner, boolean modal)

JDialog(Dialog owner, String title)

JDialog(Dialog owner, String title, boolean modal)

JDialog(Dialog owner, String title, boolean modal, GraphicsConfiguration gc)

JDialog(Frame owner)

JDialog(Frame owner, boolean modal)

JDialog(Frame owner, String title)

JDialog(Frame owner, String title, boolean modal)

JDialog(Frame owner, String title, boolean modal, GraphicsConfiguration gc)

2. 常用方法

public void setModal(boolean modal)

public void setTitle(String title)

public void setVisible(boolean b)

public void setResizable(boolean resizable)

public void setJMenuBar(JMenuBar)

8.10.1 模态对话框与非模态对话框

【例 8.19】 对话框。

文件名为：MyWindow.java

```
1    import java.awt.*;
2    import java.awt.event.*;
3    import javax.swing.*;
```

```
4
5   public class MyWindow extends JFrame implements ActionListener {
6       JTextArea text;
7       JButton button;
8       MyDialog dialog;
9       MyWindow() {
10          init();
11          setBounds（60,60,300,300);
12          setVisible(true);
13          setDefaultCloseOperation(JFrame.EXIT_ON_CLOSE);
14      }
15
16      void init() {
17          text=new JTextArea（5,22）;
18          button=new JButton("打开对话框");
19          button.addActionListener(this);
20          setLayout(new FlowLayout());
21          add(button);
22          add(text);
23          dialog=new MyDialog(this,"我是对话框",true);//对话框依赖于 MyWindow
                                                     //创建的窗口
24      }
25
26      public void actionPerformed(ActionEvent e) {
27          if(e.getSource()==button) {
28             int x=this.getBounds().x+this.getBounds().width;
29             int y=this.getBounds().y;
30             dialog.setLocation(x,y);
31             dialog.setVisible(true); //对话框激活状态时,堵塞下面的语句。
32             //对话框消失后下面的语句继续执行:
33             if(dialog.getMessage()==MyDialog.YES)//如果单击了对话框的 yes 按钮
34                   text.append("\n 你单击了对话框的 yes 按钮");
35            else if(dialog.getMessage()==MyDialog.NO)//如果单击了对话框的 no 按钮
36                   text.append("\n 你单击了对话框的 No 按钮");
37            else if(dialog.getMessage()==-1）
38                   text.append("\n 你单击了对话框的关闭图标");
39          }
```

```
40      }
41  }
```

文件名为：MyDialog.java

```
1    import java.awt.*;
2    import java.awt.event.*;
3    import javax.swing.*;
4
5    public class MyDialog extends JDialog implements ActionListener    { //对话框类
6         static final int YES=1,NO=0;
7         int message=-1;
8         JButton yes,no;
9          MyDialog(JFrame f,String s,boolean b) { //构造方法
10             super(f,s,b);
11             yes=new JButton("Yes");
12             yes.addActionListener(this);
13             no=new JButton("No");
14             no.addActionListener(this);
15             setLayout(new FlowLayout());
16             add(yes);
17             add(no);
18             setBounds（60,60,100,100);
19             addWindowListener(new WindowAdapter(){
20                               public void windowClosing(WindowEvent e){
21                                   message=-1;
22                                   setVisible(false);
23                               }
24                             });
25         }
26
27         public void actionPerformed(ActionEvent e) {
28              if(e.getSource()==yes) {
29                  message=YES;
30                  setVisible(false);
31              }
32              else if(e.getSource()==no) {
33                  message=NO;
```

```
34                  setVisible(false);
35              }
36          }
37
38          public int getMessage() {
39              return message;
40          }
41  }
```

文件名为：MyWindow.java

```
1   public class Example8_19 {
2       public static void main(String args[]) {
3           MyWindow win=new MyWindow();
4           win.setTitle("带对话框的窗口");
5       }
6   }
```

运行结果，如图 8.24 所示。

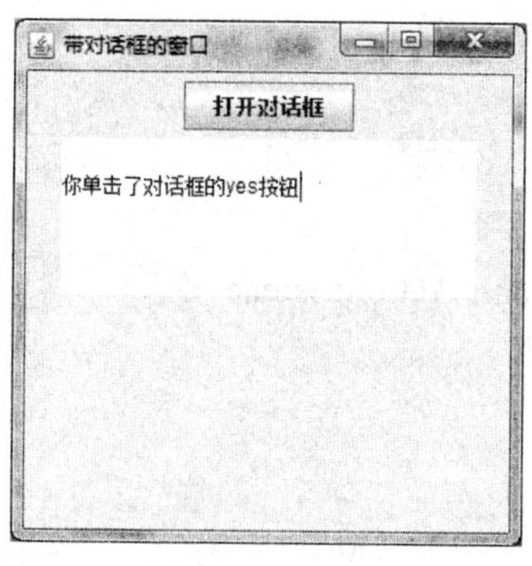

（a）非模态对话框

（b）模态对话框

图 8.24　对话框

8.10.2　文件对话框 JFileChooser

文件对话框是一个从文件中选择文件的界面，它分为打开文件对话框和保存文件对话框，相信大家在 Windows 系统中经常见到这两种文件对话框。例如，很多编辑软件像记事本等都有“打开”选项，选择“打开”后会弹出一个对话框，让我们选择要打开文件的路径，这个对话框就是打开文件对话框；除了“打开”选项一般还会有“另存为”选项，选择“另存为”后往往也会有一个对话框弹出，让我们选择保存路径，这就是保存文件对话框。文件对话框实际上并不能打开或保存文件，它只能得到要打开或保存的文件的名字或所在的目录，要想真正地打开或保存文件，还必须使用输入流与输出流。

可以通过 javax.swing 包中的 JFileChooser 类来创建对话框，使用该类的构造方法 JFileChooser()创建的文件对话框初是始不可见的模式对话框。文件对话框调用下述 2 个方法：

showSaveDialog(Component a);

showOpenDialog(Component a);

都可以使得对话框可见，只是呈现的外观有所不同。showSaveDialog(Component a)是保存文件对话框，showOpenDialog(Component a)是打开文件对话框。两个方法中的参数 a 指定对话框可见时的位置，当 a 为 null 时，文件对话框出现在屏幕的中央；如果 a 不为空时，文件对话框在组件 a 的正前面居中显示。

showSaveDialog(Component a)或 showOpenDialog(Component a)的返回值依赖于单击了文件对话框上的“确定”按钮还是“取消”按钮。当返回值是 JFileChooser.APPROVE_OPTION 时，可以使用 JFileChooser 类的 getSelecedFile()得到文件对话框所选择的文件，当然，如果对话框中的文件名文本框是 null，就得不到文件。

例 8.20 中，一个窗口中带有文件对话框。窗口中还有一个菜单，当选择菜单中的“打开文件”时，文件对话框出现打开文件的界面；当选择菜单中的“保存文件”时，文件对话框就出现。

【例 8.20】 文件对话框。

```
1   import java.awt.*;
2   import java.awt.event.*;
3   import javax.swing.*;
4
5   class WindowFile extends JFrame implements ActionListener {
6       JFileChooser fileDialog ; //文件对话框
7       JMenuBar menubar;
8       JMenu menu;
9       JMenuItem itemSave,itemOpen;
10      JTextArea text;
11      WindowFile() {
12          init();
13          setSize（300,400);
14          setVisible(true);
15          setDefaultCloseOperation(JFrame.EXIT_ON_CLOSE);
16      }
17
18      void init() {
19          text=new JTextArea（10,10）;
20          add(new JScrollPane(text),BorderLayout.CENTER);
```

```
21            menubar=new JMenuBar();           menu=new JMenu("文件");
22            itemSave=new JMenuItem("保存文件");
23            itemOpen=new JMenuItem("打开文件");
24            itemSave.addActionListener(this);
25            itemOpen.addActionListener(this);
26            menu.add(itemSave);
27            menu.add(itemOpen);
28            menubar.add(menu);
29            setJMenuBar(menubar);
30            fileDialog=new JFileChooser();      }
31
32        public void actionPerformed(ActionEvent e) {
33            if(e.getSource()==itemSave) {
34                int state=fileDialog.showSaveDialog(this);
35                if(state==JFileChooser.APPROVE_OPTION) {
36                    text.append("\n 单击了对话框上的\"确定\"按钮");
37                    text.append("\n 保存的文件名字："+fileDialog.getSelectedFile());
38                }
39                else {
40                    text.append("\n 单击了对话框上的\"取消\"按钮或关闭图标");
41                }
42            }
43            else if(e.getSource()==itemOpen) {
44                int state=fileDialog.showOpenDialog(this);
45                if(state==JFileChooser.APPROVE_OPTION) {
46                    text.append("\n 单击了对话框上的\"确定\"按钮");
47                    text.append("\n 打开的文件名字："+fileDialog.getSelectedFile());
48                }
49                else {
50                  text.append("\n 单击了对话框上的\"取消\"按钮或关闭图标");
51                }
52            }
53        }
54    }
55
56    public class Example8_20 {
57        public static void main(String args[]) {
```

```
58          WindowFile win=new WindowFile();
59          win.setTitle("带文件对话框的窗口");
60      }
61  }
```

8.10.3　消息对话框

消息对话框是有模态对话框，进行一个重要的操作动作之前，最好能弹出一个消息对话框。可以用 javax.swing 包中的 JOptionPane 类的静态方法：

```
public static void showMessageDialog(Component parentComponent,
                                     Object message,
                                     String title,
                                     int messageType)
```

messageType 取 JOptionPane 类的常量值。

定义 message 的样式。外观管理器布置的对话框可能因此值而异，并且往往提供默认图标。可能的值为（见图 8.25~8.29）:

（1）JOptionPane.INFORMATION_MESSAGE，提示消息。

图 8.25　信息消息

（2）JOptionPane.ERROR_MESSAGE，错误。

图 8.26　错误消息

（3）JOptionPane.WARNING_MESSAGE，警告。

图 8.27　警告消息

（4）JOptionPane.QUESTION_MESSAGE，询问。

图 8.28　询问消息

（5）JOptionPane.PLAIN_MESSAGE，普通。

图 8.29　普通消息

【例 8.21】　消息对话框

```
1    import javax.swing.JOptionPane;
2    public class Example8_21 {
3           public static void main(String[] args) {
4                  JOptionPane.showMessageDialog(null, "程序开始测试","消息",JOptionPane.
5    INFORMATION_MESSAGE);
6           }
7    }
```

8.10.4　确认对话框

确认对话框是有模式对话框。JOptionPane 类提供了若干个 showXxxDialog 静态方法，可用来产程简单的标准对话框。可以用 javax.swing 包中的 JOptionPane 类的静态方法:

```
public static int showConfirmDialog(Component parentComponent,
                                    Object message,
                                    String title,
                                    int optionType)
```

得到一个确认对话框。其中：

（1）messageType 同消息对话框。

（2）optionType 取值：定义在对话框的底部显示的选项按钮的集合：

JOptionPane.DEFAULT_OPTION

JOptionPane.YES_NO_OPTION

JOptionPane.YES_NO_CANCEL_OPTION

JOptionPane.OK_CANCEL_OPTION

方法的返回值可能的值为：

YES_OPTION

NO_OPTION

CANCEL_OPTION
OK_OPTION
CLOSED_OPTION

【例 8.22】 确认对话框。

```
1    import java.awt.event.WindowAdapter;
2    import java.awt.event.WindowEvent;
3    import javax.swing.JFrame;
4    import javax.swing.JOptionPane;
5
6    public class Example8_22 {
7        public static void main(String[] args) {
8            final JFrame mainFrame=new JFrame("测试窗口");
9            mainFrame.setSize（300, 300);
10           mainFrame.setVisible(true);
11           mainFrame.addWindowListener(new WindowAdapter(){
12               public void windowClosing(WindowEvent e){
13                   if(JOptionPane.showConfirmDialog(mainFrame, "真的要退出吗","
结 束 程 序 ",JOptionPane.OK_CANCEL_OPTION,JOptionPane.QUESTION_MESSAGE)
==JOptionPane.OK_OPTION){
14                       System.exit(0);
15                   }
16               }
17           });
18       }
19   }
```

程序运行结果，如图 8.30 所示：

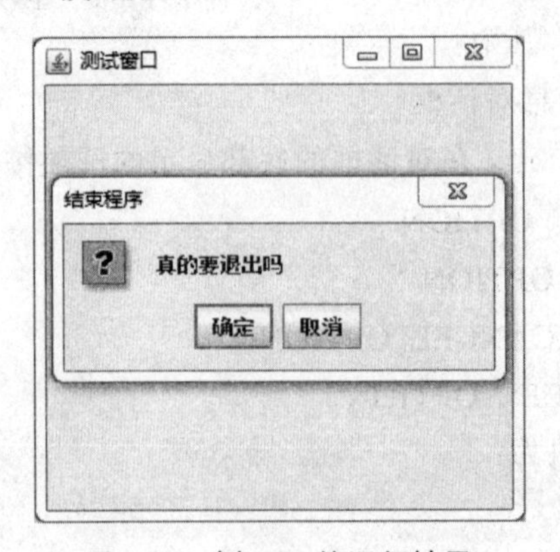

图 8.30 例 8.22 的运行结果

8.10.5　输入对话框

输入对话框含有供用户输入文本的文本框、一个确认和取消按钮，是有模式对话框 。可以用 javax.swing 包中的 JOptionPane 类的静态方法：

```
public static String showInputDialog(Component parentComponent,
                                     Object message,
                                     String title,
                                     int messageType)
```

创建一个输入对话框。

其中所使用的参数说明如下：

（1）ParentComponent：指示对话框的父窗口对象，一般为当前窗口。也可以为 null 即采用缺省的 Frame 作为父窗口，此时对话框将设置在屏幕的正中。

（2）message：指示要在对话框内显示的描述性的文字

（3）String title：标题条文字串。

（4）messageType：一般可以为如下的值 ERROR_MESSAGE、INFORMATION_MESSAGE、WARNING_MESSAGE、QUESTION_MESSAGE、PLAIN_MESSAGE。

【例 8.23】　输入对话框。

```
1   import java.awt.event.*;
2   import java.awt.*;
3   import javax.swing.*;
4
5   class WindowInput extends JFrame implements ActionListener {
6       int m;
7       JButton openInput;
8       WindowInput() {
9           openInput=new JButton("弹出输入对话框");
10          add(openInput,BorderLayout.NORTH);
11          openInput.addActionListener(this);
12          setBounds（60,60,300,300);
13          setVisible(true);
14          setDefaultCloseOperation(JFrame.EXIT_ON_CLOSE);
15      }
16
17      public void actionPerformed(ActionEvent e) {
18          String str=JOptionPane.showInputDialog(this,"输入正整数","输入对话框",
```

```
19  JOptionPane.PLAIN_MESSAGE);
20          if(str!=null) {
21              try {
22                  m=Integer.parseInt(str);
23                  setSize(m,m);
24              }
25              catch(Exception exp){}
26          }
27      }
28  }
29
30  public class Example8_23 {
31      public static void main(String args[]) {
32          WindowInput win=new WindowInput();
33          win.setTitle("带输入对话框的窗口");
34      }
35  }
```

程序运行结果，如图 8.31 所示：

图 8.31　例 8.23 的运行结果

8.10.6　颜色对话框 JColorChooser

JAVA 中有一个已经定义好的选色器，通过简单的语法我们就可以将该窗口调出，从其中选择自己喜欢的颜色。下面这个例子就是通过颜色选取器选取颜色，并将所选颜色做为窗体的背景色。

JColorChooser 组件的 showDialog()方法让用户从弹出的窗口中选择一个颜色，并传给 Color 对象。其调用语法如下：

color=JColorChooser.showDialog(this,” 选色” ,color);

第一个参数指定调用选色器的父窗体，第二个参数指定选色器窗口标题，第三个为接收颜色的颜色对象。

【例 8.24】 颜色对话框

```
1   import java.awt.BorderLayout;
2   import java.awt.Color;
3   import java.awt.event.ActionEvent;
4   import java.awt.event.ActionListener;
5   import javax.swing.JButton;
6   import javax.swing.JColorChooser;
7   import javax.swing.JFrame;
8
9   public class Example8_24 {
10      public static void main(String[] args) {
11          final JFrame mainFrame=new JFrame();
12          JButton btn=new JButton("设置窗体背景颜色");
13          mainFrame.add(btn,BorderLayout.SOUTH);
14          btn.addActionListener(new ActionListener(){
15                  public void actionPerformed(ActionEvent e) {
16                  Color result=JColorChooser.showDialog(mainFrame, "调色板",
Color.WHITE);
17                  mainFrame.getContentPane().setBackground(result);
18              }
19          });
20          mainFrame.setSize（400, 400);
21          mainFrame.setVisible(true);
22          mainFrame.setDefaultCloseOperation(JFrame.EXIT_ON_CLOSE);
23      }
24  }
```

程序运行结果，如图 8.32 所示：

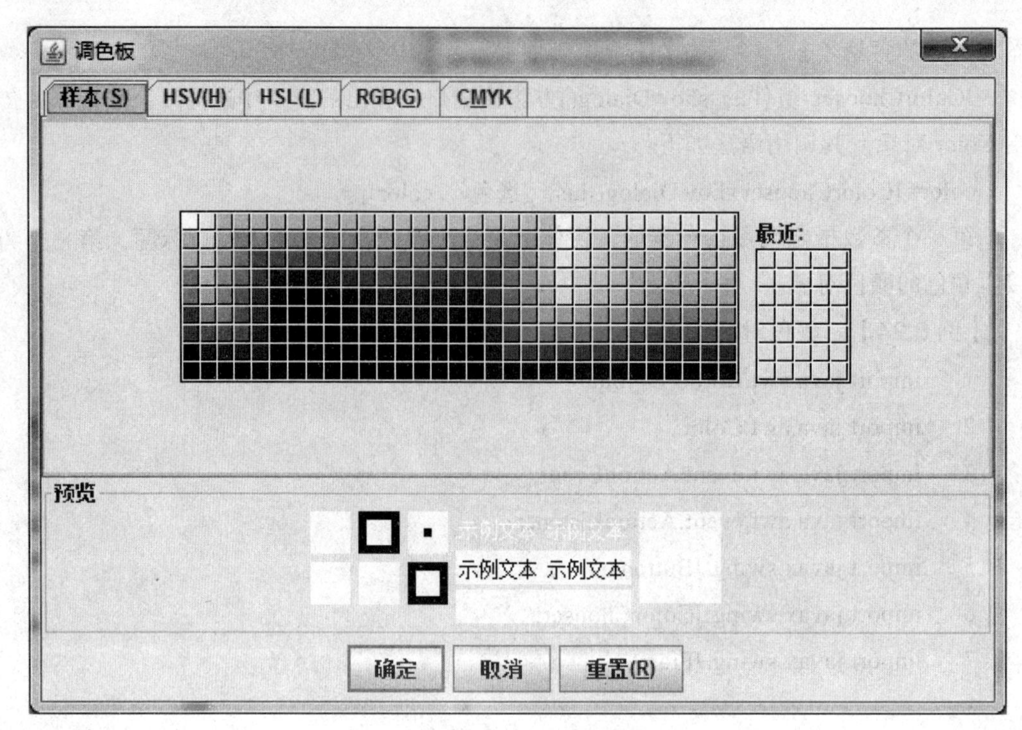

图 8.32　例 8.24 的运行结果

8.11　本章小结

常用的组件有：JButton，JCheckbox,JChoice,JLabel,JScrollbar，JTextComponent 的子类 JTextArea 和 JTextField。

Container 容器的常用子类有：Window 和 JPanel。有两个常用子类：JFrame 和 JDialog。JFrame 是我们常用的带有标题和边框的顶层窗口，JDialog 是对话框。

掌握各种组件的特点和使用方法，明确如何将组件嵌套到 JFrame 窗体中。重点掌握组件的事件处理，JAVA 事件处理的模式是事件源、监视器、处理事件的接口。

【习题 8】

1. 设计一个图形用户界面。界面中包括三个标签、三个文本框和一个按钮。三个标签分别是【数学】、【英语】、【总分】。按钮的标题为【求和】。要求在文本框中输入数学、英语分数，单击求和按钮后在文本框中显示总分。

2. 准备若干相关的照片，用 JAVA 程序把这些照片逐张显示出来，形成动态效果。

3. 创建一个窗口，设置三个标签对象，其中第一个标签对象是纯文本标签；第二个标签除带有文本和图形外，当鼠标停留在标签上时会出现提示信息；第三个标签除有第二个标签的功能以外，还将标签中的文本设置为水平方向居中、垂直方向居下。

4. 创建一个输入对话框，从对话框中输入文字，当单击【确定】按钮后，能在屏幕上显示那段文字。

5. 编写一个用户密码验证的程序，最多允许用户试验三次密码，三次输入都不正确时，程序自动关闭。

6. 利用列表框设计一个学生课程选项列表清单。在清单的左侧是课程名称，右侧为相应的课时数，通过鼠标选择课程选项。单击【确定】按钮后，弹出对话框显示用户所选课程和课时以及总课时。如果要选择多门课程，在单击选择课程时，按下 Shift 键或 Ctrl 键即可。

7. 设计一个创建二级菜单的程序。其中菜单有 File 菜单项和 Format 菜单项。File 菜单项中有子菜单 About 和 Exit，Format 菜单项中有 Color 和 Font 子菜单项，Color 子菜单项下有单选按钮 Blue、Red、Yellow 子菜单项，Font 子菜单项下有复选框 Bold 和 Italic 子菜单项。对 About 和 Exit 菜单项注册监听对象，当选择 About 或 Exit 菜单项时，弹出一个对话框或退出程序。对 Color 子菜单项下的菜单注册监听对象，当选择 Color 子菜单项下的单选按钮 Blue、Red、Yellow 菜单项时，给窗口中的字体设置颜色，颜色就是单选按钮中的英文字母所代表的颜色；对 Font 子菜单项下的菜单注册监听对象，当选择 Font 子菜单项下的复选框 Bold 和 Italic 菜单项时，对窗口中的字体设置字体类型，字体类型为复选框中的英文字母所代表的类型。

8. 用 Swing 组件重新实现计算器功能。

第 9 章　多线程

9.1　线程的概念

9.1.1　操作系统中线程和进程的概念

现代的操作系统是多任务操作系统，多线程是实现多任务的一种方式。

程序是一段静态代码，它是应用软件的执行蓝本。

进程是指一个内存中运行的应用程序，每个进程都有自己独立的内存空间。比如在Windows 系统中，一个运行的 exe 就是一个进程。

线程是指进程中的一个执行流程，一个进程中可以运行多个线程。一个线程不能独立的存在，它必须是进程的一部分，进程中的多个线程共享进程的内存。“同时”执行是人的感觉，在线程之间实际上轮换执行。

9.1.2　JAVA 中的线程

JAVA 语言中有一个重要的特性是支持多线程。多线程是 JAVA 中涉及到操作系统知识，贴近系统层面的一项高级技术。多线程是多任务的一种特别的形式，多线程使用了更小的资源开销。

一个 JAVA 应用总是从默认的主线程 main()方法开始运行，main()方法运行在一个线程内，它被称为主线程。当 JVM 加载代码，发现 main 方法之后，会启动一个线程，这个线程称之为“主线程”。如果 main 方法中没有创建其他的线程，那么当 main 方法执行完成最后一个语句，即 main 方法返回时，JVM 就会结束 JAVA 应用程序。如果在 main 方法中又创建了其他的线程，则 JVM 就会在主线程和其他线程之间轮流切换，以保证每个线程都有机会使用 CPU 资源，即使 main 方法执行完成最后一个语句，JVM 也不会结束程序，要等到程序中的所有线程都结束才结束 JAVA 应用程序。

一个 Thread 类实例只是一个对象，像 JAVA 中的任何其他对象一样，具有变量和方法。JAVA 中，每个线程都有一个调用栈，即使不在程序中创建任何新的线程，线程也在后台运行着。

1. 一个线程的状态与生命周期

一个新建线程在它的完整生命周期中，通常要经历以下 5 种状态（见图 9.1）:

1）新建状态

使用 new 关键字和 Thread 类或其子类建立一个线程对象后，该线程对象就处于新建状态。它保持这个状态直到程序 start()这个线程。

2）就绪状态

当线程对象调用了 start()方法之后，该线程就进入就绪状态。就绪状态的线程处于就绪队列中，要等待 JVM 里线程调度器的调度。

3）运行状态

如果就绪状态的线程获取 CPU 资源，就可以执行 run()，此时线程便处于运行状态。处于运行状态的线程最为复杂，它可以变为阻塞状态、就绪状态和死亡状态。

4）阻塞状态

如果一个线程执行了 sleep（睡眠）、suspend（挂起）等方法，失去所占用资源之后，该线程就从运行状态进入阻塞状态。在睡眠时间已到或获得设备资源后可以重新进入就绪状态。

5）死亡状态

一个运行状态的线程完成任务或者其他终止条件发生时，该线程就切换到终止状态。

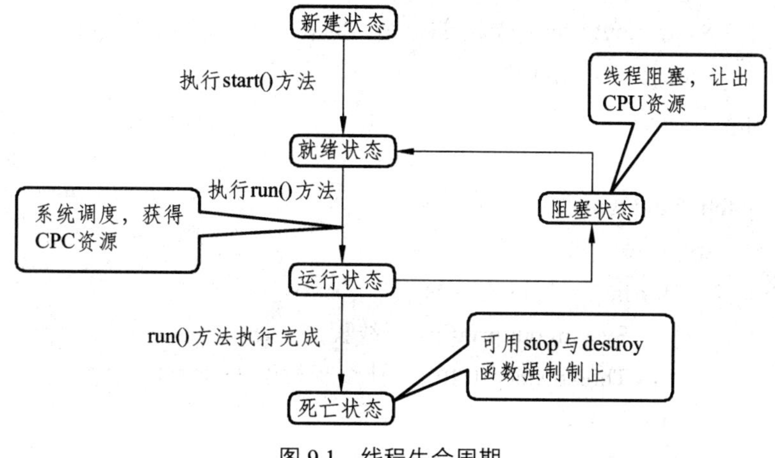

图 9.1　线程生命周期

2. 线程的优先级

每一个 JAVA 线程都有一个优先级，这样有助于操作系统确定线程的调度顺序。

JAVA 线程的优先级是一个整数，其取值范围是 1~10。最低级（即 1 级）可以写为 Thread.MIN_PRIORITY ，最高线（即 10 级）可以写为 Thread.MAX_PRIORITY。默认情况下，每一个线程都会分配一个优先级 5，即 NORM_PRIORITY。

具有较高优先级的线程对程序更重要，并且应该在低优先级的线程之前分配处理器资源。但是，线程优先级不能保证线程执行的顺序，而且非常依赖于平台。

9.2 JAVA 线程的创建与启动

9.2.1 创建线程

在 JAVA 中要想实现多线程，有两种手段：

（1）继承 Thread 类；

（2）实现 Runable 接口。

使用 java.lang.Thread 类或者 java.lang.Runnable 接口编写代码来定义、实例化和启动新线程。

1. 通过继承 Thread 类创建线程

创建一个线程的方法是创建一个新的类，该类继承 Thread 类，然后创建一个该类的实例。它也必须调用 start()方法才能执行。此类中有 run()方法：

public void run()

继承类必须重写 run()方法，该方法是新线程的入口点。

【例 9.1】 继承 Thread 类创建线程

```
1    class NewThread extends Thread {
2        NewThread() {
3            super("示例线程");
4            System.out.println("子线程: " + this);
5            start(); // 开始线程
6        }
7
8        public void run() {
9            try {
10               for(int i = 1; i <5; i++) {
11                   System.out.println("子线程: " + i);
12                   Thread.sleep（20);// 让线程暂停（休眠）
13               }
14           } catch (InterruptedException e) {
15               System.out.println("子线程阻塞。");
16           }
17           System.out.println("退出子线程。");
18       }
19   }
20
21   public class Example9_1 {
22       public static void main(String args[]) {
23           new NewThread(); // 创建一个新线程
24           try {
25               for(int i = 1; i<5; i++) {
26                   System.out.println("主线程: " + i);
27                   Thread.sleep（50);
```

```
28              }
29          } catch (InterruptedException e) {
30              System.out.println("主线程 阻塞。");
31          }
32          System.out.println("主线程结束。");
33      }
34  }
```

运行结果:

```
子线程: Thread[示例线程,5,main]
主线程: 1
子线程: 1
子线程: 2
子线程: 3
主线程: 2
子线程: 4
主线程: 3
退出子线程。
主线程: 4
主线程结束。
```

注意：因为需要用到 CPU 的资源，所以每次的运行结果基本是都不一样的。

2. 通过实现 Runnable 接口来创建线程

创建一个线程，最简单的方法是创建一个实现 Runnable 接口的类。为了实现 Runnable，一个类只需要执行一个方法调用 run()，声明如下：

public void run()

可以重写该方法，重要的是理解的 run()可以调用其他方法，使用其他类，并声明变量，就像主线程一样。

在创建一个实现 Runnable 接口的类之后，可以在类中实例化一个线程对象。

Thread 定义了几个构造方法，下例是经常使用的：

Thread(Runnable target)

Thread(Runnable target, String name)

Thread(ThreadGroup group, Runnable target)

Thread(ThreadGroup group, Runnable target, String name)

其中：

target 是一个实现 Runnable 接口的类的实例；

name 是指定新线程的名字；

group 是线程组。

Thread(ThreadGroup group, Runnable target, String name)方法是 分配新的 Thread 对象，以便将 target 作为其运行对象，将指定的 name 作为其名称，并作为 group 所引用的线程组的一员。

新线程创建之后，调用它的 start()方法它才会运行。

【例 9.2】 实现 Runnable 接口来创建线程

```
1   // 创建一个新的线程
2   class NewThread implements Runnable {
3       Thread t;
4       NewThread() {
5           t = new Thread(this, "示例线程");
6           System.out.println("子线程: " + t);
7           t.start(); // 开始线程
8       }
9
10      public void run() { // 第二个线程入口
11          try {
12              for(int i = 1; i <5; i++) {
13                  System.out.println("子线程: " + i);
14                  Thread.sleep（20);// 让线程暂停（休眠）
15              }
16          }   catch (InterruptedException e) {
17              System.out.println("子线程阻塞。");
18          }
19          System.out.println("退出子线程。");
20      }
21  }
22
23  public class Example9_2 {
24      public static void main(String args[]) {
25          new NewThread(); // 创建一个新线程
26          try {
27              for(int i = 1; i<5; i++) {
28                  System.out.println("主线程: " + i);
29                  Thread.sleep（100);
30              }
31          } catch (InterruptedException e) {
32              System.out.println("主线程 阻塞。");
```

```
33        }
34        System.out.println("主线程结束。");
35    }
36 }
```

运行结果：

```
子线程: Thread[示例线程,5,main]
主线程: 1
子线程: 1
子线程: 2
子线程: 3
子线程: 4
主线程: 2
退出子线程。
主线程: 3
主线程: 4
主线程结束。
```

实现 Runnable 接口比继承 Thread 类所具有的优势：

（1）适合多个相同的程序代码的线程去处理同一个资源；

（2）可以避免 java 中的单继承的限制；

（3）增加程序的健壮性，代码可以被多个线程共享，代码和数据独立。

9.2.2 在线程中启动其他线程

线程通过调用 start()方法将启动该线程，使之从新建状态进入就绪队列排队，一旦轮到它来享用 CPU 资源时，就可以脱离创建它的主线程独立开始自己的生命周期了。

可以在任何一个线程中启动另外一个线程。

【例 9.3】 子线程中创建线程

```
1  class ComputerSum implements Runnable {
2      int i=1,sum=0;                    //线程共享的数据
3      public void run() {
4          Thread  thread=Thread.currentThread();
5          System.out.println(thread.getName()+"开始计算:");
6          while(i<=10） {
7             sum=sum+i;
8             System.out.print(" "+sum);
9             if(i==5） {
10                System.out.println(thread.getName()+"完成任务了！ i="+i);
```

```
11              Thread threadTwo=new Thread(this);//threadTwo 与 threadOne 的目标对象相同
12              threadTwo.setName("Two 线程");
13              threadTwo.start();   //启动 threadTwo
14              i++;          //死亡之前将 i 变成 51
15              return;    //threadOne 死亡
16           }
17           i++;
18           try{   Thread.sleep（300);
19           }
20           catch(InterruptedException e){}
21        }
22     }
23  }
24
25  public class Example9_3 {
26       public static void main(String args[]) {
27           ComputerSum computer=new ComputerSum();
28           Thread threadOne;
29           threadOne=new Thread(computer);
30           threadOne.setName("One 线程");
31           threadOne.start();
32       }
33  }
```

运行结果：

```
One 线程开始计算:
 1 3 6 10 15One 线程完成任务了！ i=5
Two 线程开始计算:
    21 28 36 45 55
```

两个线程 threadOne 和 threadTwO 共同完成 1+2+……+10，One 线程计算完成 1+2+……+5 之后，启动另外一个线程 threadTwO，最终完成任务。

9.2.3 线程的常用方法

（1）start()：线程调用该方法将启动线程，使之从新建状态进入就绪队列排队，一旦轮到它来享用 CPU 资源时，就可以脱离创建它的线程独立开始自己的生命周期了。

（2）run(): Thread 类的 run()方法与 Runnable 接口中的 run()方法的功能和作用相同，

都用来定义线程对象被调度之后所执行的操作，都是系统自动调用而用户程序不得引用的方法。

（3）sleep(int millsecond): 优先级高的线程可以在它的 run()方法中调用 sleep 方法来使自己放弃 CPU 资源，休眠一段时间。

（4）isAlive(): 线程处于“新建”状态时，线程调用 isAlive()方法返回 false。在线程的 run()方法结束之前，即没有进入死亡状态之前，线程调用 isAlive()方法返回 true。

（5）currentThread():该方法是 Thread 类中的类方法，可以用类名调用，该方法返回当前正在使用 CPU 资源的线程。

（6）interrupt() ：一个占有 CPU 资源的线程可以让休眠的线程调用 interrupt()方法“吵醒”自己，即导致休眠的线程发生 InterruptedException 异常，从而结束休眠，重新排队等待 CPU 资源。

9.3 本章小结

（1）线程的概念、线程的状态以及状态转换规则；

（2）使用 Thread 类、Runable 接口创建线程的方法，线程对象的常用方法；

【习题 9】

1. 编写一个多线程类，该类的构造方法调用 Thread 类带字符串参数的构造方法。建立自己的线程名，然后随机生成一个休眠时间，再将自己的线程名和休眠多长时间显示出来。该线程运行后，休眠一段时间，该时间就是在构造方法中生成的时间。最后编写一个测试类，创建多个不同名字的线程，并测试其运行情况。

2. 编写一个程序，测试异常。该类提供一个输入整数的方法，使用这个方法先输入两个整数，再用第一个整数除以第二个整数。当第二个整数为 0 时，抛出异常，此时程序要捕获异常。

3. 编写一个用线程实现一个数字时钟的应用程序。该线程类采用休眠方式，把绝对大部分时间让给系统使用。

4. 编写一个使用继承 Thread 类的方法实现多线程的程序。该类有两个属性，一个字符串代表线程名，一个整数代表该线程要休眠的时间。线程执行时，显示线程名和休眠时间。

5. 应用继承类 Thread 的方法实现多线程类，该线程 3 次休眠若干(随机)毫秒后显示线程名和第几次执行。

6. 请通过实现 Runnable 接口和继承 Thread 类分别创建线程，要求：除了 main 线程之外，还要创建一个新的线程。Main 线程重复 100 次“main “，新线程重复 100 次输出“new”。

第 10 章　JDBC 数据库操作

程序中处理的数据通常可以保存在内存中，或者磁盘文件里，或者数据库里。开发信息管理系统时，数据最好保存到数据库里，这就需要在 JAVA 里访问数据库。

Java 访问数据库的方法很多，JDBC（Java Database Connentivity）是其中的一种经典技术。本章我们将学习 JDBC 的配置方法，以及连接数据库，查询数据、更新数据方法。我们的例子中使用的是 jdk 内部默认提供的 jdbc:odbc 驱动，此驱动可以与 windows 平台的 odbc 进行桥接，连接 odbc 上已配置好的数据库。

10.1　数据库访问模型

JAVA 的数据库访问模型主要由 DriverManager 类、Connection 接口、Statement 接口、ResultSet 接口构成，一个完整的数据库访问过程是由上述类和接口的对象相互配合完成的，下面分别介绍这几个类和接口。

1. DriverManager 类

数据库驱动管理类，负责驱动程序的注册、注销和生成连接对象，常用的方法如表 10.1 所示。

表 10.1　DriverManager 类的常用方法

方法	功能说明
Connection getConnection(String, Properties) throws SQLException	创建连接对象
Connection getConnection(String, String, String) throws SQLException	创建连接对象
Connection getConnection(String) throws SQLException	创建连接对象

2. Connection 接口

数据库连接接口，负责连接数据库，处理事务等，常用的方法如表 10.2 所示。

表 10.2　Connection 接口的常用方法

方　法	功能说明
Statement createStatement() throws SQLException	创建 sql 语句对象
PreparedStatement prepareStatement(String) throws SQLException	创建预编译的 sql 语句对象
void commit() throws SQLException	提交一个事务

续表

方　法	功能说明
void rollback() throws SQLException	回滚一个事务
void close() throws SQLException	关闭连接
boolean isClosed() throws SQLException	判断连接是否关闭

3. Statement 接口

SQL 语句接口，负责 SQL 语句的提交和取回返回结果，常用的方法如表 10.3 所示。

表 10.3　Statement 接口的常用方法

方法	功能说明
ResultSet executeQuery(String) throws SQLException	执行一个有返回结果集的查询，如 SELECT 语句
int executeUpdate(String) throws SQLException	执行一个没有返回结果集的查询，如 INSERT、UPDATE、DELETE 语句
void close() throws SQLException	关闭语句对象
boolean execute(String) throws SQLException	执行 SQL 语句
ResultSet getResultSet() throws SQLException	取得结果集
int getUpdateCount() throws SQLException	取得更新行数

4. ResultSet 接口

结果集接口，负责管理数据库访问的返回结果集数据，相当于一个二维表，常用的方法如表 10.4 所示。

表 10.4　ResultSet 接口的常用方法

方　法	功能说明
boolean next() throws SQLException	游标指针移到下一行
boolean previous() throws SQLException	游标指针移到下一行
boolean absolute(int) throws SQLException	游标指针移到指定行（绝对位置）
boolean relative(int) throws SQLException	游标指针移到指定行（相对位置）
boolean first() throws SQLException	游标指针移到首行
boolean last() throws SQLException	游标指针移到末行
void beforeFirst() throws SQLException	游标指针移到首行之前
void afterLast() throws SQLException	游标指针移到末行之后

续表

方　　法	功能说明
String getString(int) throws SQLException boolean getBoolean(int) throws SQLException byte getByte(int) throws SQLException short getShort(int) throws SQLException int getInt(int) throws SQLException long getLong(int) throws SQLException float getFloat(int) throws SQLException double getDouble(int) throws SQLException	取得当前记录指定字段的值，具体用哪个方法，依据字段的类型选择
boolean isBeforeFirst() throws SQLException	判断游标指针是否在首行之前
boolean isAfterLast() throws SQLException	判断游标指针是否在末行之后
boolean isFirst() throws SQLException	判断游标指针是否在首行
boolean isLast() throws SQLException	判断游标指针是否在末行
void close() throws SQLException	关闭结果集

10.2　一个简易教务系统数据库

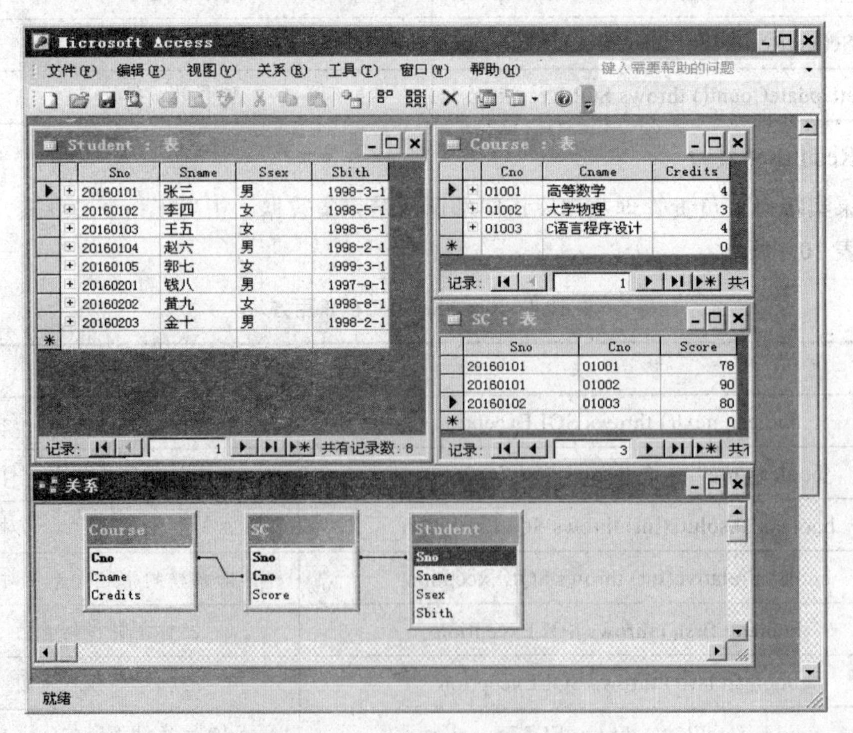

图 10.1　一个简易教务管理系统

10.2.1 数据库介绍

该简易教务系统数据库包含三个基本表 Student、Course、SC，分别代表学生信息表、课程表和选修表（参见图 10.1），表的各个字段设计如表 10.5 所示。

表 10.5 简易教务管理系统数据库基本表的字段设计

表	字段	数据类型	长度	备注
Student	Sno	字符串	8	学号（主键）
	Sname	字符串	4	姓名
	Ssex	字符串		性别
	Sbirth	日期时间		出生年月
Course	Cno	字符串	5	课号（主键）
	Cname	字符串	20	课程名称
	Credits	双精度浮点型		学分
SC	Sno	字符串	8	学生的学号（主键）
	Cno	字符串	5	课程的课号（主键）
	Score	双精度浮点型		分数

10.2.2 建立 ODBC 数据源

JDBC 访问数据库时，采用 ODBC 桥的方式是最简单的方式，下面简单交代在 Windows 操作系统建立 ODBC 数据源的方法。依次打开“开始（菜单）”→“控制面板”→“管理工具”→“数据源（ODBC）”将得到如图 10.2 所示的界面：

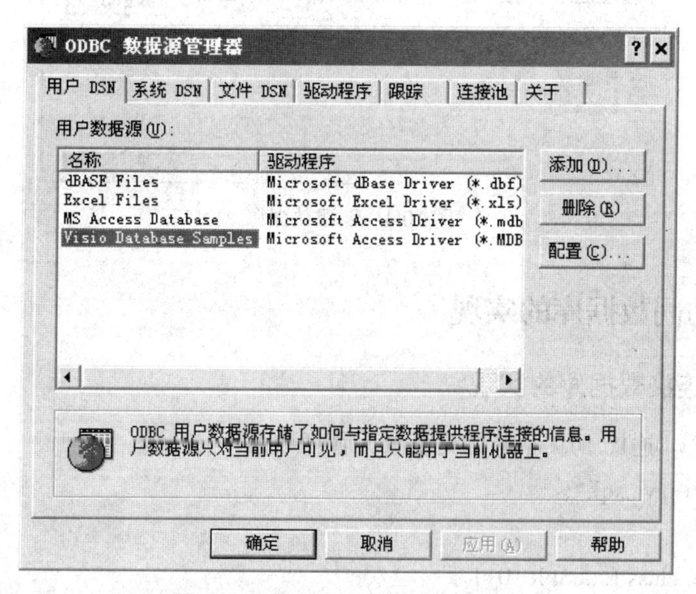

图 10.2 Windows 中的数据源管理

点击“添加”并选择相应的数据库驱动程序，如图 10.3 所示。

图 10.3　选择数据库驱动程序

输入数据源名称、说明、并选择需要的数据文件，这里选择的是一个 Access 数据库文件，如图 10.4 所示。

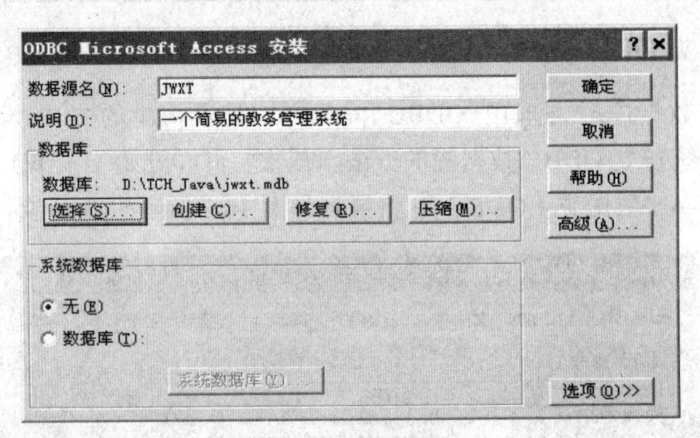

图 10.4　创建数据源

10.3　访问数据库的实现

10.3.1　连接数据库的实现

【例 10.1】　连接 10.2 小节的简易教务管理数据库。

```
1    import java.sql.*;
2
3    public class Example10_1 {
4            public static void main(String args[]) throws Exception {
```

```
5              Class.forName("sun.jdbc.odbc.JdbcOdbcDriver");
6              String dburl = "jdbc:odbc:JWXT";
7              Connection conn = null;
8              try {
9                   // 创建与数据库的连接
10                  conn = DriverManager.getConnection(dburl);
11                  System.out.println("成功连接到数据库： " + conn);
12             } catch (Exception ex) {
13                  System.out.println("连接失败： " + ex);
14             } finally {
15                  if (conn != null) {
16                       conn.close(); // 关闭连接，释放资源
17                  }
18             }
19        }
20   }
```

运行结果：

```
成功连接到数据库：sun.jdbc.odbc.JdbcOdbcConnection@1ee04fd
```

注意：这里只是建立对数据库的连接，并未对数据库中的数据进行实质性的访问。另外，对于同一个数据库，建立数据库连接的过程是相对固定不变的，可以建立一个类 DbConnect，专门用于数据库连接的管理。

```
1    import java.sql.*;
2
3    public class DbConnect {
4         static { // Java 的静态代码块，程序启动时自动执行
5              try {
6                   Class.forName("sun.jdbc.odbc.JdbcOdbcDriver");
7              } catch (ClassNotFoundException ex) {
8                   throw new RuntimeException("load jdbc-odbc driver error.");
9              }
10        }
11
12        public static Connection getConnection() throws SQLException {
13             String dburl = "jdbc:odbc:JWXT";
14             // 创建与数据库的连接
15             return DriverManager.getConnection(dburl);
```

```
16      }
17
18      public static void close(Connection conn) {
19          try {
20              if (conn != null) {
21                  conn.close();// 关闭连接，释放资源
22              }
23          } catch (SQLException ex) {
24              //
25          }
26      }
27  }
```

10.3.2 数据记录的查询

数据库操作主要有查询、插入、更新、删除等，这里我们从最简单的查询开始。

【例 10.2】 查询学生信息表的全部记录。

```
1   import java.sql.*;
2
3   public class Example10_2 {
4       public static void main(String[] args) throws Exception {
5           Connection conn = DbConnect.getConnection();
6           Statement state = null;
7           ResultSet rs = null;
8           try {
9               String sql = "select Sno, Sname, Ssex, Sbirth from Student";
10              state = conn.createStatement();
11              rs = state.executeQuery(sql);
12              System.out.printf("%-10s%-10s%-10s%-10s\n","学号","姓名","性别",
"出生年月");
13              while (rs.next()) { // 显示查询结果
14                  System.out.printf("%-10s%-10s%-10s%-10s\n", rs.getString( 1 ),
rs.getString（2）, rs.getString（3）, rs.getDate（4）.toString());
15              }
16          } catch (Exception ex) {
17              ex.printStackTrace();
18          } finally {
19              if (rs != null) {
```

```
20                  rs.close();
21              }
22              if (state != null) {
23                  state.close();
24              }
25              DbConnect.close(conn);
26          }
27      }
28  }
```

运行结果：

```
学号        姓名      性别        出生年月
20160101   张三      男          1998-03-01
20160102   李四      女          1998-05-01
20160103   王五      女          1998-06-01
20160104   赵六      男          1998-02-01
20160105   郭七      女          1999-03-01
20160201   钱八      男          1997-09-01
20160202   黄九      女          1998-08-01
20160203   金十      男          1998-02-01
```

10.3.3 添加、删除和更新数据记录

添加、删除和更新数据记录的过程实质上也是执行一条 SQL 语句，因此添加、删除和更新数据记录的代码和上面例 10.2 没有太大的区别，只是这三个操作采用 executeUpdate()执行 SQL 语句，因为它们不像查询语句一样返回一个记录集。下面是一个插入记录的例子，删除和更新记录的代码读者可以自行修改这个例子得到，这里我们仍然使用了上面的 DbConnect 类。

【例 10.3】 编写代码，在学生表中插入一条记录，具体学生信息自定。

```
1   import java.sql.*;
2
3   public class Example10_3 {
4       public static void main(String[] args) throws Exception {
5           Connection conn = DbConnect.getConnection();
6           Statement state = null;
7           ResultSet rs = null;
8           try {
9               String sql = "INSERT INTO Student(Sno,SName,Ssex) VALUES
```

```
('20160205','关十二','男')";
10                      state = conn.createStatement();
11                      state.executeUpdate(sql);
12                      System.out.println("成功添加记录到 Student 表.");
13              } catch (Exception ex) {
14                      System.out.println("添加记录到 Student 表不成功.");
15                      ex.printStackTrace();
16              } finally {
17                      if (state != null) {
18                              state.close();
19                      }
20                      DbConnect.close(conn);
21              }
22      }
23  }
```

运行结果：

```
成功添加记录到 Student 表.
```

如果程序再运行一次，就会输出“添加记录到 Student 表不成功.”字样，因为记录已经插入过了。

10.4 简易教务管理系统的功能简介

我们可以用上面学到的知识设计一个简易的教务管理系统，为了避免复杂的 GUI 代码，这里我们开发一个基于文本的界面系统，系统界面如图 10.5 所示。

```
欢迎使用《简易教务管理系统》!
0.  退出系统;
1.  列学生名单;
2.  新增学生;
3.  删除学生;
4.  新增选课;
5.  列出学生成绩表;
6.  登录成绩;
7.  新增课程;
8.  删除课程;
请输入您的选择（0-8）:
```

图 10.5 基于文本的界面系统

系统用三个类来实现，MainClass 完成菜单的显示和调度，类 TEASystem 完成教务管理系统的实际功能，DbConnect 实现对连接的管理。DbConnect 的代码见前面，这里给出类 MainClass 代码：

```
1	import java.util.Scanner;
2
3	public class MainClass {
4		private static void pressAnyKey(Scanner scanner) {
5			String str = scanner.next();
6		}
7		private static int menuInput(Scanner scanner) {
8			System.out.println("欢迎使用《简易教务管理系统》! ");
9			System.out.println("0.退出系统；");
10			System.out.println("1.列学生名单；");
11			System.out.println("2.新增学生；");
12			System.out.println("3.删除学生；");
13			System.out.println("4.新增选课；");
14			System.out.println("5.列出学生成绩表；");
15			System.out.println("6.登录成绩；");
16			System.out.println("7.新增课程；");
17			System.out.println("8.删除课程；");
18			System.out.print("请输入您的选择（0-8）：");
19
20			int menuIndex = -1;
21			while(menuIndex < 0 || menuIndex > 8）  {
22				menuIndex = scanner.nextInt();
23			}
24			return menuIndex;
25		}
26		public static void main(String[] args) {
27			Scanner scanner = new Scanner(System.in);
28			boolean runSystem = true;
29			while(runSystem){
30				switch(menuInput(scanner)) {
31				case 1:
32					TEASystem.listStudent();
33					pressAnyKey(scanner);
```

```
34              break;
35          case 2:
36              TEASystem.insertStudent(scanner);
37              break;
38              default:
39                  runSystem = false;
40          }
41          if(!runSystem) break;
42      }
43      System.out.print("已退出系统，谢谢您使用本系统！");
44  }
45  }
```

类 TEASystem 的部分代码，未完成的方法可以仿照前面的范例编写，作为本章的练习，由读者自己完成。

```
1   import java.sql.Connection;
2   import java.sql.ResultSet;
3   import java.sql.Statement;
4   import java.util.Scanner;
5
6   public class TEASystem {
7       public static void listStudent() {
8           Connection conn = null;
9           Statement state = null;
10          ResultSet rs = null;
11          try {
12              conn = DbConnect.getConnection();
13              String sql = "select Sno, Sname, Ssex, Sbirth from Student";
14              state = conn.createStatement();
15              //state.executeUpdate(sql);
16              rs = state.executeQuery(sql);
17              System.out.printf("%-18s%-10s%-10s%-10s\n","学号","姓名","性别",
"出生年月");
18              while (rs.next()) { // 显示查询结果
19                  System.out.printf("%-10s%-10s%-10s%-10s\n", rs.getString(1),
rs.getString(2), rs.getString(3), rs.getDate(4).toString());
20              }
```

```
21                  if (rs != null) {
22                      rs.close();
23                  }
24                  if (state != null) {
25                      state.close();
26                  }
27              } catch (Exception ex) {
28                  ex.printStackTrace();
29              } finally {
30                  DbConnect.close(conn);
31              }
32          }
33          public static void insertStudent() {
34              // 添加学生记录代码
35          }
36          public static void deleteStudent() {
37              // 删除学生记录代码
38          }
39          public static void insertSC() {
40              // 新增选课记录代码
41          }
42          public static void listSC() {
43              // 列出选修记录代码
44          }
45          public static void updateSC_Score() {
46              // 登录成绩代码
47          }
48          public static void insertCourse() {
49              // 添加课程记录代码
50          }
51          public static void deleteCourse() {
52              // 删除课程记录代码
53          }
54      }
```

10.5 本章小结

1. JAVA 数据库访问模型的简介；

2. DriverManager 类、Connection 接口、Statement 接口、ResultSet 接口在数据库访问过程中的配合使用。

【习题 10】

请按照本章 10.4 小节描述的系统框架，完成本章的教务管理系统。主类 MainClass 完成菜单的显示和调度，代码已给出；DbConnect 实现对连接的管理，代码也已给出；类 TEAS 完成教务管理系统的实际功能，部分代码已给出。请你完成其他方法的代码。

参考文献

[1] 耿祥义，张跃平. JAVA 面向对象程序设计[M]. 2 版. 北京：清华大学出版社, 2010.

[2] 吴萍，蒲鹏，朱丽娟. JAVA 程序设计[M]. 北京：清华大学出版社、北京交通大学出版社, 2006.

[3] DEITEL H M, DEITEL P J. 袁兆山，刘宗田，苗沛荣，等译. JAVA 程序设计教程（第 3 版）[M]. 北京：机械出版社,2002.

[4] BCKEL B. JAVA 编程思想[M]. 4 版. 陈昊鹏译.北京：机械工业出版社,2007.

[5] 朱辉，朱志国，李刚. JAVA 网络程序设计[M]. 西安：西安电子科技大学出版社, 2012.

[6] HORSTMANN G S , CORNELL G. JAVA 核心技术. 叶乃文，邝劲筠，杜永萍，译. 北京：电子工业出版社, 2011.

[7] 青岛农业大学，青岛英谷教育科技股份有限公司. JAVA SE 程序设计及实践[M]. 西安：西安电子科技大学出版社, 2015.

[8] 温立辉. JAVA EE 编程技术[M]. 北京：北京理工大学出版社, 2016.

附录　KeyEvent 类的常量值

控制键

键名称	常量值	ASCII 值
ESC 键	VK_ESCAPE	27
回车键	VK_RETURN	13
TAB 键	VK_TAB	9
Caps Lock 键	VK_CAPITAL	20
Shift 键	VK_SHIFT	16
Ctrl 键	VK_CONTROL	17
Alt 键	VK_MENU	18
空格键	VK_SPACE	32
退格键	VK_BACK	8
左方向键	VK_LEFT	37
右方向键	VK_RIGHT	39
鼠标右键快捷键	VK_APPS	93
Insert 键	VK_INSERT	45
Home 键	VK_HOME	36
PageUp	VK_PRIOR	33

字母键及字母区的数字键

字符	常量值	ASCII 值
A	VK_A	65
…	…	…
Z	VK_Z	90
0	VK_0	48
…	…	…
1	VK_9	57

F 功能键

功能键	常量值	ASCII 值
F1	VK_F1	112
…	…	…
F24	VK_F24	135